KB177714

그림을 닮은 와인 이야기

Collect
14
미술관에서 명화를 보고 떠올린 와인 맛보기
그림을 닮은 와인 이야기

1판 1쇄 발행 2022년 5월 22일

지은이 정희태
발행인 김태웅
기획편집 하민희 정보영
디자인 어나더페이퍼 **교정교열** 박성숙
마케팅 총괄 나재승
마케팅 서재욱, 김귀찬, 오승수, 조경현, 김성준
온라인 마케팅 김철영 장혜선 김지식 최윤선 변혜경
인터넷 관리 김상규
제작 현대순
총무 윤선미, 안서현, 지이슬
관리 김훈희, 이국희, 김승훈, 최국호

발행처 ㈜동양북스
등록 제2014-000055호
주소 서울시 마포구 동교로22길 14 (04030)
구입 문의 전화 (02)337-1737 **팩스** (02)334-6624
내용 문의 전화 (02)337-1734 **이메일** dymg98@naver.com

ISBN 979-11-5768-806-7 03590

그림을 닮은 와인 이야기

미술관에서
명화를 보고 떠올린
와인 맛보기

정희태 지음

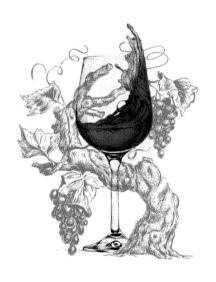

동양북스

와인과 미술의 공통된 가치와 감정을 통해 우리가 배울 수 있는 것

와인과 미술은 어떤 연관성이 있을까요? 서로 전혀 다른 주제이기에 의아할 것입니다. 하지만 자세히 들여다보면 두 주제에서 공통된 가치와 감정을 찾고 느낄 수 있습니다. 이 교집합을 통해 와인과 미술을 함께 접하면, 좀 더 풍성하고 재미난 이야기로 와인과 미술에 대한 지식과 안목을 기를 수 있습니다.

신의 음료라 불리며 수천 년의 시간을 함께한 와인은 많은 미술가의 영감의 원천이었습니다. 미술가들은 와인을 한잔하며 붓을 들고 캔버스에 색을 칠했고, 끌을 들어 돌을 깎아내렸을 겁니다. 그리고 와인 한잔을 기울이며 나누는 대화 속에서 깨달음을 얻고 자신의 작품을 더욱 발전시켜나갔을 테죠. 이뿐 아니라 미술가들은 와인 병을 직접 디자인하고 자신의 그림을 라벨에 그려 넣어 자신의 예술적 철학과 와인이 지닌 철학을 공유하며 새로운 이야기를 만들었습니다. 미술과 와인은 우리가 생각한 것보다 밀접하게 연결되어 있죠.

저는 대학에서 요리를 전공하며 와인 공부를 시작했습니다. 약 1년 동안 홍대 근처 와인 바에서 일하며 와인에 대한 흥미를 키웠고, 2009년 프랑스 유학길에 올랐죠. 프랑스 와인의 중심지인 부르고뉴 지역 본에 있는 C.F.P.P.A.에서 'B.P. 소믈리에 과정'과 디종에 있는 부르고뉴 대학에서 '테루아(토질과 기후)에 따른 실제적인 와인 시음 과정'을 수료했습니다. 이후 파리의 크남 대학에서 '예술, 문학, 언어 강사 전문 학위'를 취득했고, 프랑스 국가 공인 가이드 자격을 받았습니다. 현재는 루브르 박물관, 오르세 미술관을 비롯한 다양한 프랑스 문화재를 통해 사람들에게 프랑스의 역사와 문화를 소개하는 일을 합니다.

이렇게 와인과 미술 공부를 겸하다 보니 어느 날 이 둘의 비슷한 점이 보이기 시작했습니다. 라벨에 하트가 그려진 와인과 사랑을 표현한 작품이라든지, 시간의 흐름을 담은 미술 작품과 시간에 따라 달라지는 와인의 색이라든지, 혹은 물감의 종류에 따라 달라지는 그림과 포도 품종에 따라 달라지는 와인 등 와인과 미술, 둘 사이를 관통하는 가치와 공통으로 느껴지는 감정 등 비슷한 점들을 발견할 수 있었습니다. 그래서 이 둘을 엮으면 와인과 미술에 대해 더 재미나게 알아갈 수 있겠다는 생각이 들었죠.

어느 날 오랑주리 미술관에서 클로드 모네의 <수련> 연작을 보는데 문득 샹볼 뮈지니라는 와인이 떠올랐습니다. 그림에서 전해지는 꽃향기와 따스함, 연못에 고인 물의 습함이 피노 누아로 만든 샹볼 뮈지니 와인과 비슷하다는 생각이 들었습니다. 그래서 이 와인을 들고 모네가 그림을 그린 장소에 찾아갔습니다. 마치 모네가 된 것처럼 모네가 보았을 풍경을 바라보며 이 와인을 마셨습니다. 이때 제가 느낀 감동은 말로 다 할 수 없습니다.

이렇게 그림과 와인을 연결 지으며 마시니 더욱 흥미롭고 재미있게 미술과 와인을 접할 수 있었습니다. 이후로 작품을 볼 때마다 그림 속에서 느껴지는 이미지 혹은 작가의 인생과 성향에 따라 어울리고 의미가 연결되는 와인을 떠올려보았습니다. 반대로 와인을 마시면서는 향과 맛에 따라 연상되는 그림을 떠올려보았죠.

서로 닮은 작품과 와인을 함께 즐길 때 배가 되는 이 감동을 혼자서만 느끼기엔 아까웠습니다. 와인만 마실 때, 또는 그림만 볼 때 느낄 수 있는 각기 다른 감동이 있습니다. 하지만 이 2가지를 함께하면 감동은 배가 됩니다. 제가 느낀 이 감동과 10년이 넘는 시간 동안 프랑스에서 와인과 미술을 공부한 내용을 공유하고 싶은 마음에 이 책을 썼습니다.

이 책은 크게 3개의 장, 36개의 키워드로 구성했습니다. 1장에서는 와인에 대한 기본 개념을 미술 작품과 함께 만날 수 있습니다. 첫 번째, 두 번째 키워드에서는 와인과 관련된 중요하고 역사적인 사건 2가지를, 세 번째부터 아홉 번째 키워드까지는 와인의 중요한 개념들(테루아, 포도 품종, 양조 방법, 와인 병, 와인 잔)을, 열 번째에서 열다섯 번째까지 키워드는 와인을 마시는 방법과 더불어 와인 색의 변화, 음식과의 궁합, 그리고 디캔팅, 내추럴 와인 등의 이야기를 동일한 가치를 지닌 미술 작품과 함께 담았습니다.

2장에서는 미술 작품과 와인에서 느낄 수 있는 공통된 감정을 엮었으며, 3장에서는 와인 라벨과 와인 병에 담긴 아티스트의 작품을 바탕으로 와인과 미술 이야기를 풀어보았습니다.

교육적이고 틀에 박힌 방식으로 접근하는 와인 책이 아닌 미술과 함께하는 감성적이고 편안한 이야기, 그리고 와인과 미술에 대한 기본 지식을 익힐 수 있는 내용으로 채우려고 노력했습니다. 이 책을 통해 독자들이 와인과 미술에 조금 더 친근하게 다가갈 수 있기를, 와인과 미술에 대한 안목을 높일 수 있기를 바랍니다. 평소에 와인을 좋아하고 미술을 사랑하는 분들이라면 새로운 시선으로 2가지 문화를 함께 만나며 색다른 즐거움을 느끼실 수 있을 겁니다.

이 책을 출판하는 데 도움을 주신 모든 분께 감사드립니다. 특히 부모님과 아내, 힘들 때마다 저를 미소 짓게 한 딸, 제 가족 모두에게 감사와 사랑의 인사를 전합니다. 그리고 《90일 밤의 미술관 : 루브르 박물관》 책을 인연으로 쉽지 않은 2가지 주제를 다루는 책을 출판할 수 있게 도움을 주고 기다려주신 동양북스에도 감사 인사를 전합니다.

정희태

Contents

The Story of Wine & Art

1장 ◇ 와인과 미술에 담긴 가치

2장 ◇ 작품과 와인에 스며든 감정

3장 ◇ 명화 속 와인

1장

◇

와인과
미술에 담긴
가치

와인과 미술은 닮은 점이 많습니다. 다양한 물감을 통해 개성 있는 그림이 탄생하듯, 포도의 품종에 따라 제각기 다른 매력을 지닌 와인이 만들어집니다. 19세기 인상파 화가들이 변화하는 세상의 빛을 화폭에 담았다면, 와인은 숙성의 시간을 보내며 변화하는 색으로 세월을 표현합니다. 그리고 뜨거운 불에 유리를 녹여 만든 와인 잔과 와인 병의 모습에는 만들 당시 삶의 이야기가 녹아 있습니다. 손상된 작품은 복원 과정을 통해 다시금 과거의 영광을 재현해내고, 맛과 향이 풀리지 않은 와인은 브리딩 과정을 통해 최고의 순간을 꽃피웁니다. 다양한 색이 조화를 이루어 아름다운 작품이 만들어지듯, 와인도 다양한 음식과 어우러지며 우리에게 즐거운 시간을 선물하죠. 이러한 와인과 미술이 가진 공통된 모습을 살펴보며, 우리의 소중한 가치를 찾아가보도록 하겠습니다.

◇

01

의외성

: 편견에 경종을 울린 그림과 와인

◇

발칙한 그림

마네 <풀밭 위의 점심 식사>

　살면서 관습이나 주류를 거슬러 자신만의 소신대로 행동해본 적이 있나요? 예술계와 와인계에 큰 변화를 준 사건을 이야기하고자 합니다.

　19세기 프랑스에서는 전통과 권위를 중시하는 학풍, 아카데미즘Academisme이 예술계를 휘어잡고 있었습니다. 완벽한 비율과 비례, 그리고 원근법을 기조로 신화, 역사, 종교 이야기를 이상화시켜 그려낸 그림들이었죠. 이런 그림만이 인정받고 성공할 수 있었습니다. 그런 탓에 당시 화가들은 성공을 위해 이런 법칙에 맞춘 그림을 그리기 바빴습니다. 하지만 이 모든 것을 부정하며 예술계를 발칵 뒤집어놓은 그림 한 점이 등장합니다.

에두아르 마네, <풀밭 위의 점심 식사>

<풀밭 위의 점심 식사>The Luncheon on the Grass는 숲에서 남녀가 소풍을 즐기는 모습을 그려놓은 것 같지만, 그 속내를 들여다보면 이야기는 달라집니다. 한번 살펴볼까요?

우선 아카데미즘 학풍에서는 그림에 나체로 등장할 수 있는 여인은 여신뿐이었습니다. 하지만 이 그림 속 여인은 당시 많은 남성 부르주아에게 사랑받던 빅토린 뫼랑Victorine Meurent입니다. 당시 에두아르 마네Edouard Manet는 부르주아 남성들이 숲속에서 몰래 애인과 희희낙락거리는 모습을 거리낌 없이 그렸습니다. 그리고 이 작품은 1863년, 그림 대회였던 살롱Salon전에서 낙선한 작품들을 모아 열린 낙선전Salon des Refusés에 걸립니다. 그림을 보며 고상한 척하기 위해 찾아왔던 부르주아들이 자신들의 숨겨진 모습을 직설적으로 보여주는 이 작품을 보고 과연 좋아했을까요? 더군다나 그림 속 여인이 그들을 정면으로 응시하고 있는 모습을 보고 격분합니다. 어떤 이는 그림을 찢어버리려 하고, 화장실에서 오물을 퍼다 뿌려버리는 등 상상할 수 없는 일들이 벌어졌다고 합니다.

그렇다면 마네는 왜 이렇듯 발칙한 그림을 그린 것일까요? '이제는 신화, 역사, 종교 그런 이야기 말고 우리들의 이야기를 한번 그려보면 어떻겠습니까! 이제 수백 년 전부터 전해져 굳어진 방법이 아닌 새로운 방식으로 새로운 예술의 길을 열어보는 것이 좋지 않겠습니까!'라는 메시지를 던진 것입니다. 그가 불러일으킨 이 작은 변화의 바람은 큰 바람으로 퍼져나가 인상파라는 새로운 예술의 시작을 알리게 됩니다.

미국 와인의 재발견
샤토 몬텔레나, 스택스 립 와인 셀라

와인 업계에서도 프랑스 와인이 세계에서 최고라는 인식을 처음으로 깬 큰 사건이 하나 있습니다.

1976년 5월 24일 파리의 인터콘티넨탈 호텔에서 미국 독립 200주년을 맞아 미국 캘리포니아 와인들을 프랑스에 선보이는 이벤트가 열립니다. 캘리포니아 와인들과 프랑스 와인들을 블라인드 테이스팅으로 점수를 매기고 승패를 가르는 경쟁 이벤트였죠.

당시 프랑스 사람들의 머릿속엔 미국 와인은 싸구려 와인, 아예 없는 천한 와인이라고까지 여겼습니다. 그래서 모두가 프랑스 와인이 쉽게 이길 거라고 생각했지요. 하지만 이 예상은 빗나가버리고 맙니다.

당시 심사위원으로 참석했던 프랑스에서 가장 권위 있는 레스토랑 가이드북인 《고미요》Gault Millau의 디렉터 클로드 뒤부아 밀로Claude Dubois Milot는 프랑스 최고 화이트 와인인 바타르 몽라셰Batârd Montrachet 1973년을 마시고 이렇게 말했다고 합니다.

"이것은 분명히 캘리포니아 와인이다. 왜냐하면 향이 없기 때문이다."

미국 와인의 품질이 떨어진다는 선입견에, 당시 다른 와인에 비해 향과 맛이 부족했던 바타르 몽라셰를 캘리포니아 와인이라고 착각했던 것입니다.

이 이벤트에서 1등한 화이트 와인은 미국 캘리포니아의 샤토 몬텔레나Château Montelena 1973년입니다. 레드 와인은 프랑스 보르도 지역 1등급 샤토 무통 로칠드Château Mouton Rothschild 1970년을 제치고, 미국 캘리포니아의 스택스 립 와인 셀라Stag's Leap Wine Cellars 1973년 와인이 1등을 차지합니다.

이러한 결과에 한 심사위원은 너무 화가 나서 자신의 평가지를 찢어버리려 했다고 합니다. 당시 프랑스인들이 얼마나 큰 충격을 받았는지를 예상케 하는 일화입니다. 이것은 미국 와인을 세계 중심에 설 수 있게 만든 큰 사건으로 '파리의 심판'이라고 부릅니다.

샤토 몬텔레나 (출처 : Wikimedia Commons)

스택스 립 와인 셀라 1973년 (제공 : 스택스 립 와인 셀라 stagsleapwinecellars.com)

이렇듯 경직된 예술계와 와인계에 경종을 울린 그림과 와인이 존재하기에 현재 우리는 다양하고 다채로운 그림과 와인을 마주할 수 있게 되었습니다.

"일상을 바꾸기 전에는 삶을 변화시킬 수 없다. 성공의 비밀은 자기 일상에 있다(존 맥스웰John C. Maxwell)"라는 말처럼, 쳇바퀴 굴러가듯 돌아가는 일상에서 자신에게 작은 경종을 울려본다면 우리의 삶도 조금 더 새롭고 즐거워지리라 생각합니다.

02

◇

사건

: 와인의 역사적 사건이 담긴 작품

◇

와인의 역사를 바꾼 사건
필록세라

와인뿐 아니라 세계 술의 역사에서 가장 중요한 사건이 하나 있습니다. 19세기 말 유럽의 포도밭을 황폐하게 만든 필록세라Phylloxera 사건입니다. 필록세라는 포도나무 뿌리에 기생하면서 영양분을 빼앗아 포도나무가 말라죽게 만드는 진드기입니다.

제국주의 시절을 거치며 서구 열강들은 식민지 개척을 위해 이곳저곳으로 떠나기 시작합니다. 그리고 그곳에서도 포도를 재배해 와인을 생산하려고 하죠. 그들은 고품질 와인을 생산하기 위해 유럽의 좋은 포도 묘목을 미국으로 가져가 심습니다. 하지만 이상하게도 포도나무가 계속 말라 죽자 그 이유를 밝혀내

프랑스 부르고뉴 지역의 포도밭

기 위해 연구 목적으로 메마른 나무를 유럽으로 가지고 돌아왔는데, 이것이 더 큰 화를 불러옵니다. 바로 이 나무에 필록세라 진드기가 있었던 거죠. 미국에 있던 기존 포도나무에는 이미 필록세라에 대한 면역력이 있었지만, 유럽 내 포도나무에는 내성이 없었기 때문에 이 진드기는 순식간에 유럽 전역으로 퍼져나가 포도밭을 황폐화시켰습니다. 1875년 프랑스 와인 생산량은 8450만 헥토리터Hectoliter였지만 1889년 와인 생산량은 2340만

헥토리터로 약 1/4가량 감소했습니다. 이것만 보더라도 필록세라 피해가 얼마나 심각했는지를 알 수 있습니다. 이후 연구를 통해 내성이 있는 미국 포도나무에 유럽 종을 접붙이는 방식으로 가져와 위기에서 벗어날 수 있었습니다. 하지만 이 사건은 1870년부터 1900년까지 약 30년 동안 막대한 피해를 주며 와인과 술의 역사에 큰 변화를 일으킵니다. 이 사건이 어떤 결과를 가져왔을까요?

첫 번째, 와인 소비량이 줄어들면서 자연스럽게 위스키와 맥주 소비량이 증가합니다. 그 결과 위스키, 맥주를 포함한 다른 주류 산업이 성장하기 시작합니다. 두 번째, 와인 품귀 현상이 나타나면서 와인 가격이 폭등하고 가짜 와인이 성행하기 시작합니다. 포도 과즙이 아닌 것을 섞어 와인을 만들거나 다른 산지에서 생산한 와인에 유명 생산지인 보르도 혹은 부르고뉴 명칭을 표기해 판매하는 등 많은 문제가 발생합니다. 이러한 문제를 해결하고자 20세기 초 프랑스에서 원산지 명칭을 표기하는 법률 시스템 AOCAppellation d'Origine Contrôlée를 만듭니다. 사용하는 포도 품종부터 포도 관리, 수확, 양조까지 엄격한 규제를 통해 최고의 와인을 생산할 수 있는 기반을 다시 다집니다. 세 번째, 필록세라 피해로 유럽에서 와인 생산에 어려움을 겪은 생산자들이 신대륙으로 이주하기 시작했고, 이는 신대륙 와인 산업이 발전하는 계기가 됩니다. 이처럼 필록세라 사건은 와인뿐 아니라 술의 역사에서도 빼놓을 수 없습니다.

살아생전 판매된 유일한 그림
고흐 <아를의 붉은 포도밭>

　　필록세라 병충해가 성행했을 때의 포도밭 모습을 한 유명 작가의 그림을 통해 확인할 수 있습니다. 바로 빈센트 반 고흐Vincent van Gogh의 <아를의 붉은 포도밭>Red Vineyards at Arles 입니다. 1888년 프랑스 남부 아를Arles에서 그린 그림으로 고흐가 살아 있는 동안 판매된 유일한 작품이기도 합니다. 그는 서른 일곱이라는 이른 나이에 생을 마감했고, 화가로서의 삶은 그중 10년 정도밖에 되지 않습니다. 하지만 그 짧은 시간 동안 유화 900여 점, 스케치 1100여 점 등을 그렸습니다. 그러나 이런 그의 열정적인 모습을 되레 사람들은 미쳤다고 생각하며 그와 그의 작품을 외면해버리죠. 참으로 힘든 하루하루를 살아가던 그에게 어느 날 한 줄기 희망처럼 그의 작품이 팔렸다는 소식이 들려

빈센트 반 고흐, <아를의 붉은 포도밭>

옵니다.

이 작품을 구매한 사람은 안나 보흐Anna Boch라는 여성으로 고흐와 동시대 화가입니다. 그녀가 이 작품을 구매한 이유로는 크게 3가지 이야기가 회자됩니다. 첫 번째는 단순히 그림이 아름다워서 구매했다, 두 번째는 고흐가 너무 혹평받고 있어 그를 응원하고 지지하기 위해서였다, 세 번째는 그녀의 동생 외젠 보흐 Eugène Boch 때문이었다는 겁니다. 외젠 보흐는 고흐와 절친했던 인물 중 하나로 그녀는 동생의 친구였던 고흐를 그저 도와주고 싶어 구매했다고도 합니다. 이런저런 연유로 그녀는 당시 400프랑에 작품을 구매했지만, 시간이 흘러 자기 집에 걸린 고흐의 그림이 자신에게 영향을 주어 자신의 작품 세계가 망가진다고 생각합니다. 결국 그녀는 1만 프랑을 받고 파리의 베른하임 준 Bernheim-jeune 갤러리에 이 작품을 판매합니다. 이후 러시아 쪽으로 그림이 넘어가면서 현재는 모스크바 푸시킨 미술관에 전시되어 있습니다.

그림 속에는 노란 태양 볕 아래, 자줏빛과 노란빛으로 물든 포도밭에서 일하는 사람들의 풍경이 펼쳐지고 있습니다. 많은 사람이 강렬한 노을빛에 물든 세상의 모습을 표현했다고 이야기하지만, 농업 전문가들은 19세기에 유행한 필록세라의 영향으로 포도 잎의 색이 변한 것이라고 말합니다. 나뭇잎의 색이 변하는 이유는 날이 추워지면서 식물의 성장이 멈추어 나뭇잎의 영양분이 모두 빠지기 때문입니다. 하지만 다른 해석도 있습니다. 필록세라로 인해 양분을 빼앗긴 포도나무가 제대로 성장하지 못해 날이 추워지기 전, 빠르게 나뭇잎의 색이 바래 포도밭의 색이 붉게 물든 것이라고 보는 이들도 있습니다. 이 해석을 알고 그림을 다시 본다면, 아름다운 석양보다 힘든 한 해를 보내고 고단하게 포도를 수확하는 농부들의 모습이 보여 참 안쓰럽게 느껴지기도 합니다.

과연 고흐는 실제 필록세라로 인해 피해를 입은 포도밭을 그렸던 것일까요, 아니면 자신의 눈에 비친 아름답고 황홀한 붉은 빛을 포도밭과 함께 담았던 것일까요? 그 진실은 고흐 자신만이 알겠지요. 그가 살아생전 판 유일한 그림에서 와인의 역사 속 가장 중요한 필록세라 사건을 엿볼 수 있다는 점은 참으로 흥미롭습니다.

시작

: 와인과 작가를 키운 땅

좋은 와인의 시작
테루아와 빈티지

어머니의 깊은 은혜는 땅과 같고, 아버지의 높은 은혜는 하늘과 같다는 옛말이 있습니다. 부모가 자식에게 주는 사랑은 하늘과 땅처럼 높고 깊다는 의미이지요. 반대로 하늘과 땅 역시 부모의 사랑처럼 받는 것 하나 없이 사람들에게 자신의 것을 항상 내어준다는 의미이기도 합니다.

와인도 하늘과 땅이 있기에 만들어집니다. 이것을 테루아 Terroir라고 하지요. 테루아의 사전적 의미는 토지, (포도주용) 포도 산지입니다. 쉽게 말해 포도를 재배할 때 영향을 주는 모든 환경 요소를 말하는 것이지요. 포도 품종마다 잘 자라는 토양이 있습니다. 카베르네 소비뇽Cabernet Sauvignon 품종은 자갈이 많은 토양,

메를로Merlot 품종은 수분을 머금고 있는 점토질 토양, 피노 누아 Pinot Noir 품종은 석회질을 머금고 있는 토양에서 가장 잘 자랍니다. 하지만 이러한 토양이 자라는 데 더 유리한 것일 뿐 다른 환경에서도 포도는 자랄 수 있고 다른 개성을 나타냅니다. 그리고 연평균 강수량이 너무 적거나 너무 많아도 좋지 않습니다. 강수량이 너무 적으면 포도가 물을 머금지 못해 열매를 제대로 맺지 못하고, 강수량이 많으면 포도가 물을 많이 머금어 알맹이는 커지지만 당도가 떨어지기 때문이죠. 이렇듯 포도를 키워 수확하

프랑스 론 지역의 샤토 뇌프 뒤 파프 포도밭 모습,
큰 자갈로 이루어진 토양임을 확인할 수 있다.

기까지 영향을 주는 모든 환경 요소를 테루아라고 합니다. 와인을 마실 때 "테루아가 잘 표현되어 있다"라고 이야기하는 것은 바로 포도가 자란 땅과 하늘의 모습을 와인이 잘 담고 있다는 의미입니다.

그러면 잘 만들어진 와인, 좋은 와인의 기준은 무엇일까요? 소비자 입장에서는 자기 입맛에 맞는 와인이 가장 좋은 와인이라 할 수 있습니다. 하지만 생산자 입장에서는 테루아가 와인 속에 얼마나 잘 스며들고 잘 표현되었는지를 의미하죠. 그리고 빈

프랑스 부르고뉴 지역의 겨울 포도밭 모습,
샤토 뇌프 뒤 파프 포도밭과는 달리 큰 자갈이 없다.

티지Vintage가 '좋다', '좋지 않다'라는 말도 들어보셨을 겁니다. 빈티지는 영어이고, 프랑스어로는 밀레짐Millésime이라고 하는데, 이는 포도가 생산된 연도를 의미합니다. 예를 들어 와인 라벨에 2021년이라고 적혀 있다면 2021년에 재배한 포도로 만든 와인이라는 의미입니다.

"빈티지가 좋았다"는 것은 한 해 동안 포도가 최적으로 자랄 수 있는 테루아가 좋았다는 의미로도 볼 수 있습니다. 한 해 동안 내리쬐는 햇볕과 살랑이는 바람, 비의 양이 모두 좋았다는 뜻입니다. 반면 "빈티지가 좋지 않았다"는 것은 한 해 동안 날씨가 짓궂어 포도 생산이 어려웠다는 의미입니다. 하지만 빈티지가 좋지 않다고 해서 그 와인의 질Quality이 떨어진다고는 할 수 없습니다.

제가 부르고뉴에서 와인 학교에 다닐 때 선생님께 이런 질문을 한 적이 있습니다. "선생님, 부르고뉴는 어떤 빈티지가 가장 좋았나요?" 그러자 선생님은 제게 반문하셨습니다. "어떤 생산자의 빈티지를 말하는 거지?" 저는 거기서 머리가 새하애졌습니다. '생산자라니! 무슨 말이지?' 멍하게 쳐다보고 있는 저에게 선생님께서는 이렇게 말을 이어가셨습니다. "우선 빈티지가 힘들었던 해라고 해서 모든 와인이 좋지 않았던 것은 아니다. 왜냐하면 사람의 세심한 관리와 노력으로 어떤 생산자들의 와인은 좋은 빈티지 와인이 되기 때문이지." 저는 큰 망치로 머리를 한 대 얻어맞은 느낌이었습니다. 이때 와인은 테루아뿐 아니라 인간의 손길과 그 노력의 결실로 만들어진다는 것을 크게 깨달았습니다. 즉, 한 해 동안 포도밭에 내리쬐는 햇볕과 바람의 소리가 스며들고, 여기에 사람의 땀방울이 섞여 최고의 와인 한 병이 만들어진다는 것이죠. 그렇기에 빈티지가 좋았는지, 좋지 않았는지를 말하며 좋았던 해의 와인만 찾는 것이 아니라 다양하게 경험해보는 것이 진짜 와인을 즐기는 방법이라고 생각합니다.

농부들의 화가
밀레 <만종>

자연의 위대함과 인간의 숭고한 노력의 땀방울을 그림 속에 녹여낸 화가가 있습니다. 바로 장 프랑수아 밀레Jean-François Millet입니다. 그의 작품 <만종>The Angelus을 보면 해가 저물어가고 뒤편의 작은 성당에서 종소리가 들려오는 듯합니다. 이 소리에 한 부부가 열심히 하던 농사일을 멈추고 하루를 마무리

장 프랑수아 밀레, <만종>

하며 감사 기도를 하고 있지요. 땅 위의 바구니는 그들의 일용할 양식인 감자로 가득 차 있고, 이것을 내어준 땅과 신에게 두 손을 모아 진실한 마음으로 감사 인사를 하는 모습이 목가적이고 평화로운 모습을 넘어 경건하고 거룩하게 느껴지기도 합니다.

밀레의 또 다른 대표작 <이삭줍기>The Gleaners를 보면 세 명의 아낙이 허리를 숙이고 이삭 하나하나를 줍고 있습니다. 그림 뒤

편으로는 말을 타고 수확을 주도하는 관리자의 모습이 보이고, 수확물이 마차에 가득 실려 있는 것으로 보아 이미 수확이 끝난 것 같습니다. 가난했던 아낙네들은 가족을 위해 버려진 한 톨의 이삭이라도 더 가지고 가려고 힘든 몸을 끌고 허리를 숙여 자신의 앞치마 속에 이삭을 하나씩 줍고 있습니다. 이 모습이 안쓰럽게 느껴지기도 합니다.

밀레는 왜 이런 그림을 그린 걸까요? 그는 프랑스 서부 노르망디의 그뤼시라는 전형적인 농촌 마을에서 태어나 어려서부터 직접 농사를 지으며 자랐다고 합니다. 그에게 농사와 농부들의 모습은 자연스러운 삶 자체였지요. 그래서 그는 사람은 땀을 흘리는 노동 없이는 살아갈 수 없고, 모든 것은 땅으로부터 오는 것임을 잘 알고 있었습니다. 그는 자연이 있어야 인간이 존재할 수 있고, 살아갈 수 있다고 생각했던 것이죠.

어떤 사람은 밀레를 사회주의적 성격을 지닌 화가라고도 이야기합니다. <만종> 속 부부의 바구니에 담긴 것은 감자가 아닌 아이의 시체이며, 아이를 묻기 전에 기도하는 것이라고 말합니다. 그리고 <이삭줍기>에서 아낙들이 줍고 있는 것은 이삭이 아니라 부자들에게 던질 포탄이고, 계층 간 갈등을 부추겨 사회 불안을 조장하는 사회주의 화가라고도 말합니다. 하지만 그는 이렇게 이야기했습니다.

"사람들이 나를 사회주의자라고 부르지만 나는 사회주의자가 무엇인지 모릅니다. 나는 농촌에서 자라 농촌 풍경밖에 모르고 살았고, 거기서 내가 보고 느낀 것을 표현하는 것뿐입니다."

그의 말처럼 우리의 모습을 덤덤히 표현한 그의 작품에서 자연의 위대함과 동시에 인간이 노동을 통해 흘리는 땀방울이 얼마나 소중하고 중요한지를 깨닫게 됩니다.

사람은 두 발을 땅에 딛고 하늘을 바라보며 살아가고, 포도 또한 땅의 유기물들과 하늘에서 내리쬐는 햇볕의 도움을 받아 열매를 맺고 와인을 만들어냅니다. 이처럼 자연은 모든 이의 부모처럼 아낌없이 자신의 것을 내어주고 있지만 우리는 이것을 당연하게 받아들이며 가끔 이 소중함을 잊어버립니다. 밀레의 그림과 와인 한잔을 통해 자연에 대해 감사하는 마음을 느껴보았으면 좋겠습니다.

ART & WINE

04

◇

근원

: 맛과 스타일을 결정짓는 재료

◇

포도가 결정하는 와인 맛

포도 품종

국제 와인 기구 OIVOrganisation Internationale de la Vigne et du Vin의 보고에 따르면 세상에는 1만여 개에 달하는 포도 품종이 존재합니다. 하지만 모든 포도로 와인을 만들지는 않습니다. 대표적인 포도 품종은 무엇이고, 어떤 개성을 바탕으로 어떤 스타일의 와인이 생산되는지 간단히 살펴보겠습니다.

레드 와인의 대표 품종으로는 카베르네 소비뇽Cabernet Sauvignon, 메를로Merlot, 피노 누아Pinot Noir, 시라Syrah 등이 있습니다.

카베르네 소비뇽과 메를로는 프랑스 보르도Bordeaux 지역을 중심으로 전 세계 와인 생산국에서 많이 재배하는 품종입니다. 카베르네 소비뇽은 포도 껍질이 두꺼워 색이 진하고 맛에 무게감

프랑스 대표 와인 생산지와 생산지별 대표 포도 품종

● 레드 와인 ○ 화이트 와인

샹파뉴 지역
피노 누아 ●
피노 뫼니에 ●
샤도네이 ○

알자스 지역
리슬링 ○
게뷔르츠트라미너 ○
피노 그리 ○

루아르 지역
카베르네 프랑 ●
슈냉 블랑 ○
소비뇽 블랑 ○

부르고뉴 지역
피노 누아 ●
샤도네이 ○

보르도 지역
카베르네 소비뇽 ●
메를로 ●
소비뇽 블랑 ○

론 지역
시라 ●
그르나슈 ●
마르산 ○
루산느 ○
비오니에 ○

이 있으며 타닌과 산도가 강한 스타일의 와인이 됩니다. 장기 숙성에 좋은 포도 품종 중 하나죠. 하지만 포도가 익는 시간이 오래 걸리고 기후가 따뜻해야 충분히 완숙되는데, 보르도 지역은 포도가 완숙되는 데 필요한 기후보다 낮고, 날씨 편차가 심해 카베르네 소비뇽 품종이 완숙되는 것을 매번 기대하기는 어렵습니다. 그래서 보르도 지역에서는 카베르네 소비뇽에 다른 품종을 섞어 와인을 만듭니다. 반면 기후가 따뜻한 미국과 칠레 등지에서는 카베르네 소비뇽 품종 하나로 강하고 묵직한 맛과 향을 지닌 양질의 와인을 생산하죠.

메를로 품종은 카베르네 소비뇽보다 무게감은 덜하고 중간 정도의 타닌과 산도로 입 안에서 벨벳처럼 부드러운 느낌을 주는, 유순하고 편안한 스타일의 와인이 생산됩니다. 잘 익은 메를로는 블랙베리, 체리, 검은 자두 등 검은 과실류의 향기를 지닌 묵직한 와인을 만들 수 있어 보르도 우안과 미국, 칠레, 호주 등지에서는 메를로를 주품종으로 다양한 와인을 생산하죠.

피노 누아는 맛의 무게감과 타닌이 가볍고, 딸기와 체리 같은 붉은 과실류와 꽃향기들이 풍부하게 납니다. 섬세하고 여리여리한 스타일의 와인이 되지요. 그래서 강한 술을 좋아하는 경우 피노 누아 품종의 와인은 포도주스처럼 느껴질 수도 있습니다. 하지만 여리여리함 속에 퍼지는 미묘한 향과 맛의 섬세함은 우리를 매료시키기에 충분합니다. 피노 누아는 서늘하고 온화한 기후에서 잘 자랍니다. 반면 기온이 높은 곳에서 자란 피노 누아는 알코올 도수가 높고 특유의 과실 풍미가 부족하죠. 땅의 성분에 따라서도 품질의 결과가 확연하게 차이가 나며, 포도 껍질이 얇아 병충해에 취약해 재배가 쉽지 않습니다. 이렇듯 민감한 피노 누아의 특징을 가장 잘 표현해주는 기후와 토양을 지닌 지역이 프랑스 부르고뉴Bourgogne입니다. 특히 최상급 포도밭에서 생산한 피노 누아 와인은 고품질, 높은 희소성으로 세계에서 가장 비싸게 판매되며 와인 마니아들에게 각광받고 있습니다.

시라는 기후에 따라 중간부터 높은 수준까지, 다양한 타닌과 산도, 맛의 무게감을 지닌 와인을 생산할 수 있습니다. 검은 과실류와 더불어 후추 같은 향신료 향이 두드러진 것이 특징으로, 이국적인 맛이 느껴지고 풍미가 강한 요리와 잘 어울리죠. 저는 개인적으로 양고기를 먹을 때 항상 시라 품종으로 만든 와인을 찾곤 합니다. 시라는 포도 껍질이 두꺼운 품종으로 기후가 따뜻한 곳에서 생산해야 와인이 충분히 익을 수 있습니다. 그래서 프랑스에서는 따뜻한 남부 론Rhône 지역에서 많이 재배합니다. 호주에서는 이 품종을 시라즈Shiraz라고 부르는데, 이 품종으로 고품질 와인을 많이 생산합니다.

그럼 화이트 와인은 어떤 품종의 포도로 만들까요?

가장 대표적인 품종이 샤르도네Chardonnay입니다. 서늘한 기후에서 따뜻한 기후까지 모든 환경에서 잘 자라 세계 각지에서 재배합니다. 기후가 따뜻한 지역일수록 입 안에서 느껴지는 보디Body감은 묵직해지고 산도는 조금씩 낮아집니다. 그리고 레몬과 사과 같은 신선한 과일 향이 나죠. 기후가 따뜻해지면 파인애플이나 망고 같은 열대 과일 향의 비중이 커지고, 숙성되면서 꿀과 견과류의 고소한 향까지 더해지죠. 다양한 풍미를 지닌 와인을 만들 수 있는 팔색조 같은 매력을 가진 품종입니다.

화이트 와인을 만드는 또 하나의 대표 품종은 소비뇽 블랑Sauvignon Blanc입니다. 잔디를 깎을 때 느껴지는 싱그러운 풀 향이 나는 것이 두드러진 특징입니다. 포도의 완숙 상태와 지역에 따라서 부싯돌을 부딪칠 때 나는 향부터 열대 과일 향까지 여러 향이 복합된 풍미를 느낄 수 있습니다. 대표적으로 프랑스에서는 루아르Loire와 보르도 지역, 그리고 뉴질랜드와 호주 등지에서 많이 재배해 와인을 만듭니다.

리슬링Riesling은 세계적인 와인 평론가 잰시스 로빈슨Jancis Robinson이 "최고의 화이트 와인 포도 품종"이라고 극찬한 품종입니다. 드라이Dry한 스타일부터 스위트Sweet한 스타일까지 다양한 와인을 생산할 수 있는 다재다능한 품종입니다. 하지만 달콤한 와인을 만드는 포도 품종으로 알려져 저평가되고 있습니다. 휘

발유 향을 느낄 수 있는 것이 특징이며, 꿀과 감초 향과 더불어 높은 산도 덕분에 신선함도 느낄 수 있는 매력적인 품종입니다. 주로 프랑스 알자스Alsace 지역과 독일에서 재배합니다.

이 외에도 세미용Semillon, 게뷔르츠트라미너Gewurztraminer, 슈냉블랑Chenin Blanc, 말벡Malbec, 네비올로Nebbiolo, 산지오베제Sangiovese, 몬테풀치아노Montepulciano, 템프라니요Tempranillo 등의 품종이 있습니다. 이렇듯 세계 각지에서 각각의 특성을 가진 포도 품종을 이용해 다양한 맛과 풍미를 지닌 와인을 생산하고 있습니다.

물감에 따라 달라지는 그림 스타일

물감 종류

똑같은 식물의 열매인 포도인데도 품종에 따라 와인에서 느껴지는 향과 맛이 달라지듯, 그림 역시 사용한 물감에 따라 작품에서 풍기는 느낌이 달라집니다.

유럽을 여행하다 보면 벽을 프레스코화로 장식한 곳들을 볼 수 있습니다. 프레스코Fresco는 이탈리아어로 신선하다는 뜻을

화려한 프레스코화로 장식한 시스티나 성당 내부 모습

가지고 있으며, 프레스코화는 석회 반죽을 벽에 바른 후 색의 안료를 물에 개서 석회 반죽이 마르기 전에 그림을 그려 색이 석회 반죽에 스며들고, 말라가면서 색이 고착되는 방법으로 그린 그림입니다. 이렇게 그린 작품이 미켈란젤로의 <시스티나 성당 천장화>The Sistine Chapel Ceiling와 라파엘로의 <아테네 학당>School of Athens입니다. 잘 그린 프레스코화는 그림이 벽과 완벽한 하나를 이루어 물이 묻어도 용해되지 않는, 천 년 이상도 버틸 수 있는 보존력을 지닙니다. 이러한 점 덕분에 우리는 지금도 거장의 생생한 작품을 만날 수 있는 것이지요. 하지만 프레스코화는 석회 반죽이 마르기 전에 재빨리 색을 칠해야 하기 때문에 세밀하게 표현하기가 어렵고, 물감이 마르면서 색이 옅어지기에 색의 농담을 이용해 표현하는 데 한계가 있습니다. 그리고 안료가 굳은 뒤에는 수정할 수 없다는 것도 단점이죠.

　나무 패널 위에는 주로 템페라화Tempera를 그립니다. 색의 안료를 주로 달걀노른자와 섞어 만든 물감을 지칭하며, 혼합하다라는 뜻을 지닌 라틴어 템페라레Temperare에서 파생했습니다. 이렇게 그린 그림은 우리가 흔히 보는 중세와 르네상스 시대의 작품들입니다. 프레스코화는 온도와 습도에 민감해 갈라지거나 떨어질 수 있으나 템페라화는 주변 환경의 영향을 덜 받고 빛을 거의 굴절시키지 않아 생동감 있는 색을 표현할 수 있습니다. 하지만 상온에 노출된 달걀노른자는 빨리 굳는 성질이 있어 화가가 그림을 수정, 보완하기가 힘는 데다 수많은 노른자를 구하기도 쉽지 않고 가격도 비쌌습니다. 그래서 당시 화가들은 물감이 굳는 시간을 늦출 수 있고 가격이 저렴한 물질(고착제, 전색제)을 찾기 위해 노력했지요.

이후 화가들은 달걀노른자 대신 아마Flax라는 풀의 씨에서 짜낸 기름을 안료와 섞어 물감을 만들기 시작합니다. 이것이 현재 많이 사용되고 있는 유화의 시작입니다. 하지만 처음에는 적절한 배합 비율을 몰라 물감이 너무 늦게 굳어버려 어려움을 느낍니다. 하지만 결국 플랑드르Flandre 지역(현재 네덜란드, 벨기에)의 화가 얀 판 에이크Jan van Eyck가 적정 배합 비율을 찾아냅니다. 유화는 템페라화에 비해 물감이 굳는 시간이 오래 걸려 수정 보완이 용이하고, 점성이 좋아 사람의 머리카락 한 올까지 표현할 수 있을 정도의 세밀한 그림을 그릴 수 있습니다. 또한 기름이다 보니 그림 표면에 광택이 발생하면서 훨씬 화려해 보이는 장점이 있습니다.

하지만 화가들은 구하기 쉽고 간편한 '물'로 물감을 만들고 싶어 합니다. 그래서 발견한 것이 아라비아고무를 고착제(인쇄 잉크에 섞는 액체)로 사용한 수채화 물감입니다. 아라비아고무는 물에 녹으면 점성이 강한 액체가 되는데, 시간이 지나면 물은 증

유화 물감으로 그린 그림

발하고 아라비아고무 고착제와 색의 안료만 종이에 남게 되지요. 색이 맑고 투명하며 섬세한 특징을 지닌 그림을 그릴 수 있습니다. 하지만 시간이 지나면 변색되고, 덧칠하면 먼저 사용한 물감이 물에 다시 풀어지고 섞여 색이 혼탁해질 수 있어 표현의 한계가 발생합니다. 그래서 다시 찾아낸 것이 바로 아크릴 물감이지요.

이렇듯 어떤 물감을 사용했는지에 따라 머리카락 한 올까지 그릴 수 있는 세밀한 그림, 맑고 투명한 느낌의 그림, 수천 년의

맑고 가벼운 느낌을 주는 수채화 물감, 이기순, <벨기에 브루게>

시간을 품는 그림까지 다양한 개성을 지닌 명작이 탄생합니다.

그림은 사용한 물감에 따라 느낌이 달라지고, 와인은 포도 품종에 따라 맛과 향이 차이가 납니다. 그림과 와인의 기본 재료인 물감과 포도 품종의 갖가지 특성을 알면 그림을 보는 즐거움, 와인을 마시는 재미와 기쁨이 훨씬 더 크지 않을까 생각합니다.

05

산뜻함

: 빠르게 완성되는 그림과 와인

순간을 화폭에

모네 <인상, 해돋이>

"그림 제목이 '인상'! 그럴 줄 알았어. 내게 매우 인상적이었거든. 제목이 '인상'일 수밖에 없다고 생각했어! 너무 가벼워! 벽지도 이 그림보다는 나을걸!"

이 글은 1874년 비평가 루이 르로이Louis Leroy가 클로드 모네Claude Monet의 <인상, 해돋이>Impression, Sunrise 작품을 보고 풍자 잡지 <르 샤리바리>Le Charivari에 기고한 글의 일부입니다.

이 작품은 인상파의 시작을 알리는 그림으로 현재 매우 유명하고 예술성 면에서 손꼽히지만, 처음엔 벽지보다 못한 그림으로 치부되었습니다. 하지만 이런 비평에 클로드 모네와 친구들은 "우리 작품이 참 인상적이라는데?"라며 호탕하게 비웃었고,

클로드 모네, <인상, 해돋이>

외려 자신들에게 인상파Impressionisme라는 이름을 붙였습니다.

　사실 저도 모네의 그림을 처음 보았을 때 '이 정도는 나도 그
릴 수 있겠는데?'라고 생각했습니다. 선이 뚜렷하지 않고 흐릿한
등장인물과 사물의 모습이 그림을 그리다가 만 것처럼 보였기
때문입니다. 하지만 모네에 관한 자료를 찾아보고 공부하면서

이러한 생각이 참 어리석고 안일했다는 걸 깨달았습니다.

그는 빛의 사냥꾼이라는 별명을 가진 화가답게 순간을 화폭에 담으려고 했습니다. 그가 얼마나 빠르게 순간을 그려냈는지 살펴볼까요? <네 그루의 포플러 나무>Poplars. Four Trees를 그리는데 시간이 얼마나 걸렸을까요?

클로드 모네, <네 그루의 포플러 나무>

단 7분이었다고 합니다. 자신의 눈에 비친 순간의 빛을 화폭에 담기 위해 손가락 사이사이에 여러 개의 붓을 끼우고 쉴 없이 빛의 속도로 빠르게 붓질을 해나갔을 것입니다. 그 모습을 상상하며 그림을 다시 본다면 화가의 열정과 천재성, 그리고 이 작품의 위대함을 느낄 수 있습니다. 그렇다면 그는 어떻게 이렇듯 빠르게 그림을 완성할 수 있었을까요? 바로 알라 프리마Alla Prima라는 그림 기법을 사용했기 때문입니다.

알라 프리마는 이탈리아어로 '처음으로'라는 뜻을 가지고 있습니다. 밑그림을 그리지 않고 물감으로 단번에 그리는 방법으로, 한 겹이나 두 겹으로 얇게 붓질을 해 빠르게 그림을 그려내는 것이죠. 이렇게 그리면 가볍고 경쾌하며 생동감 있는 결과물을 얻을 수 있습니다.

<파라솔을 든 여인>Woman with a Parasol - Madame Monet and Her Son을 보면 가벼운 붓 터치를 사용해 중후한 무게감보다 산뜻하고 자유스러우며 따스함을 느낄 수 있습니다.

이 그림을 그릴 때 모네는 이야기했습니다.

"나는 이 그림에 나의 아내와 아들, 그리고 바람을 그리고 싶었다."

그의 붓 터치에서 살랑거리는 바람이 느껴지나요?

클로드 모네, <파라솔을 든 여인>

햇와인

보졸레 누보

산뜻함이 강조되는 모네의 그림처럼 와인의 생동감을 가장 경쾌하게 느낄 수 있는 와인이 있습니다. 바로 보졸레 누보Beaujolais Nouveau입니다.

프랑스 부르고뉴Bourgogne의 남쪽 보졸레 지역에서 가메Gamay라는 포도 품종으로 생산하는 와인입니다. 가메는 타닌이 적고 장기 숙성력이 있는 품종이 아니라서 예부터 다른 품종들에 비해 큰 사랑을 받지 못했습니다. 하지만 이 지역 사람들은 오히려 장기 숙성력은 부족하지만 신선함을 느낄 수 있다는 특징을 살려 특별한 방법으로 와인을 만듭니다.

보편적인 레드 와인의 양조 과정은 다음과 같습니다.

포도 수확Harvest → 파쇄 및 압착Crushing and Pressing → 발효Fermentation → 숙성Aging → 병입Bottling.

보통 9월경에 포도를 수확해 양조장으로 가져갑니다. 건강한 포도를 손으로 골라서 줄기와 알맹이를 분리하고, 알맹이를 짓이겨 즙을 낸 다음 껍질과 씨를 함께 발효시킵니다. 이 과정에

보졸레 누보 와인

서 포도 껍질에서는 붉은 색소, 씨에서는 타닌Tannin이라는 성분이 추출되어 와인의 떫은맛을 만들어내죠. 발효가 끝나면 눌러서 짜는 압착 과정을 거치고, 맑은 부분만 빼내서 오크통에 넣어 숙성 과정을 거칩니다. 이후 병에 넣는 과정을 거쳐 소비자들에게 전달되죠. 이런 방식으로 만드는 와인은 보통 포도 수확 이후부터 병입까지 최소 6개월 이상 걸립니다. 하지만 보졸레 누보는 4~6주 정도면 완성됩니다. 어떻게 이렇게 빠르게 와인이 만들어질 수 있는 걸까요?

바로 특별한 양조 기술인 탄산 가스 침용 기법Carbonic maceration

포도 수확 후 압착했을 때

덕분입니다. 기존 양조 방법과 가장 큰 차이는 발효 시 포도를 넣은 밀폐된 탱크에 임의로 탄산을 주입한다는 점입니다. 그러면 탱크 내부는 산소가 없는 상태가 되고, 쌓여 있는 포도와 탄산의 무게로 인해 포도가 짓눌리며 서서히 즙을 만들어내고 발효가 일어납니다. 이런 과정을 통해 알코올 도수는 낮고 떫은맛이 나며 산도는 적고, 체리나 딸기 같은 붉은 과실 향과 풍선껌 같이 상큼하고 시원한 향미를 풍부하게 지닌 와인이 완성됩니다. 그래서 술을 많이 못 하는 사람도 가볍고 편안하게 마실 수 있습니다.

반면 이렇듯 빠르게 완성된 와인은 장기 숙성 능력이 떨어지기 때문에 빠르게 소비해야 한다는 단점이 있습니다. 와인 중개상, 조르주 뒤뵈프Georges Duboeuf는 이 단점을 이용해 "이 와인은 세상에서 가장 빨리 마실 수 있는 '햇와인'이다!"라며 역발상 마케팅을 펼칩니다. 더불어 매년 11월 셋째 주 목요일, "보졸레 누보가 도착했어요!Beaujolais Nouveau est arrive!"라는 문구와 함께 전 세계에 동시다발적으로 판매가 이뤄지는 특별한 이벤트를 하죠. 그리하여 이 와인은 세계적으로 유명해집니다.

이렇듯 와인을 만드는 방식에 따라, 그림을 그리는 방법에 따라 그 결과물은 다양하게 나옵니다. 가볍고 상쾌한 느낌의 이 와인을 화가 모네도 즐겼을까요? 처음에 그의 그림은 벽지보다 못하다고 치부되었기에 판매되지 않았고, 아마 주머니가 가벼웠을 것입니다. 그러니 수십만 원에 해당하는 고급 와인보다는 가벼운 이 와인이 그의 캔버스 옆에 놓여 있지 않았을까요? 언젠가 모네의 그림을 보며 이 와인 한잔 마시면 좋겠습니다.

◇

06

조화

: 뒤섞여 더 값지게 탄생하는 와인과 작품

◇

블렌딩 와인

아상블라주

"한 가지 포도 품종으로 만든 와인이 여러 품종을 섞어 만든 와인보다 더 좋은 것 아닌가요?"

지인이 제게 물었습니다. 단일 품종으로 만들었다고 하면 깨끗하고 순수할 것 같고, 여러 품종을 섞었다고 하면 이도저도 아닌 듯한 느낌이 들기 때문에 이런 질문을 한 것 같습니다.

포도 품종을 섞어 와인을 만드는 방법을 영어로는 블렌딩Blending, 프랑스어로는 아상블라주Assemblage라고 합니다. 이런 방식으로 와인을 만드는 대표적인 곳이 프랑스 보르도Bordeaux 지역입니다. 이곳에서는 카베르네 소비뇽Cabernet Sauvignon 혹은 메를로Merlot 품종을 중심으로 카베르네 프랑Cabernet Franc과 프티 베르도

Petit Verdot 품종을 섞어 와인을 만듭니다. 카베르네 소비뇽은 와인이 지닌 전체적인 골격감과 구조감을 형성하며 무게감과 힘을 나타내는 타닌을 주로 만듭니다. 그리고 메를로는 와인에 풍부함과 볼륨감을 주고, 카베르네 프랑과 프티 베르도는 와인에 복합성을 더해주죠. 표현이 좀 어렵나요? 이해하기 쉽도록 소고기 스테이크와 비유해보겠습니다. 카베르네 소비뇽은 소고기이고 메를로는 소고기 주변에 있는 채소들이며, 카베르네 프랑과 프티 베르도는 소금과 후추 역할이라고 생각하면 됩니다. 먹음직스럽게 구운 채소와 함께 입맛에 딱 맞게 소금, 후추 간이 된 소고기 한 점을 먹었을 때 우리가 감동하는 것처럼, 각 포도 품종이 지닌 장점들을 극대화하고 단점들은 서로 보완하며 최상의 와인을 만들어내는 과정이 바로 아상블라주입니다.

재미있는 사실은 같은 생산자가 만든 와인이라도 포도 혼합 비율은 매년 조금씩 달라진다는 점입니다. 매년 똑같은 품질의 포도가 생산되는 것은 아니기 때문이죠. 어떤 포도밭에는 우박이 쏟아지고 비가 많이 내려 품질이 저하되고, 어느 곳은 햇살이 좋아 포도가 잘 여물 수도 있습니다. 그래서 생산자는 각 포도를 압착시켜 와인을 만들고, 마지막으로 와인 병에 담아내기 전에 실험실에서 와인들을 섞습니다. 이때 자신이 추구하는 향과 맛을 찾고, 자신의 철학이 담긴 와인 한 병을 만들기 위해 노력합

오크통에서 숙성 중인 와인. 숙성 후 블렌딩 작업이 이루어진다.

니다. 그렇기에 같은 생산자의 와인일지라도 매해 조금씩 다른
향과 맛을 지닙니다.

포도 품종을 섞어서 만드는 방법뿐만 아니라 서로 다른 해에
생산한 와인을 섞어서 만드는 아상블라주도 있습니다. 보통 다
른 해에 만든 와인을 섞어 만드는 것은 법으로 금지되어 있지만,

프랑스에서 유일하게 샹파뉴Champagne 지역에서는 다른 연도에 생산한 와인들을 섞어 만들 수 있습니다. 이곳은 서늘한 날씨 덕분에 특유의 산미와 신선함을 지닌 최고의 스파클링 와인이 생산됩니다. 하지만 날씨의 편차가 커서 매년 생산되는 포도의 품질이 일정치 않습니다. 이러한 문제를 극복하고자 샴페인 생산자들은 작황이 좋았던 해의 와인들을 따로 보관해두었다가 작황이 좋지 않은 해의 와인에 섞어 품질의 편차를 줄이고자 했습니다. 어떤 생산자는 수십 종의 서로 다른 빈티지 와인을 섞어 만들며, 이렇게 생산한 샴페인은 빈티지가 적히지 않은 농밀레지메Non-Millésimé 혹은 논빈티지Non-Vintage 샴페인으로 출하됩니다. 이것이 우리가 대다수 샴페인 라벨에서 빈티지를 볼 수 없는 이유이죠.

가령 하나의 포도 품종 혹은 빈티지로 만든 와인이 피아노 독주 공연이라면, 여러 포도 품종과 서로 다른 빈티지를 섞어 만든 아상블라주 와인은 여러 악기가 모여 최상의 하모니를 만들어내는 오케스트라에 비유할 수 있습니다. 이렇게 각각의 방법으로 생산한 와인들은 한 병 한 병마다 서로 다른 개성을 지니고, 우리에게 매번 새로운 감동을 주죠.

콜라주

피카소 <수아즈의 유리잔과 병>,

브라크 <과일 접시와 유리잔>

　미술에도 각기 다른 재료들을 섞어 그림을 그리는 콜라주Collage라는 기법이 있습니다. 우리말로는 부착, 접착, 풀칠이라는 의미로, 캔버스에 물감을 이용해 그림을 그리는 것뿐 아니라 천이나 나무, 인쇄물, 벽지, 쇠붙이 등 비예술적인 소재들을 함께 붙여 작품을 완성해나가는 방식입니다.

　콜라주 기법을 시도한 초반에는 간단히 종이를 그림에 붙여 작품을 완성했기에 파피에 콜레Papier Collé라고 불렸습니다. 다음 쪽에 실린 두 작품은 조르주 브라크Georges Braque와 파블로 피카소Pablo Picasso의 작품으로 그들은 처음으로 콜라주 기법을 사용한 예술가들입니다. 브라크의 <과일 접시와 유리잔>Fruit Dish and Glass 은 종이 위에 나뭇결무늬가 인쇄된 벽지를 붙이고 그 위에 그림을 그린 것입니다. 그리고 <수아즈의 유리잔과 병>Glass and Bottle of Suze은 피카소가 신문 기사와 종이를 오려 붙이고 그 위에 목탄을 칠해 완성한 작품입니다. 이 작품은 발칸 반도에서 벌어진 분

조르주 브라크, <과일 접시와 유리잔>

파블로 피카소, <수아즈의 유리잔과 병>

쟁으로 유럽 전체가 전쟁에 말려들 수 있는 큰 사건이 일어났을 때 만들었습니다. 그래서일까요? 피카소가 오려 붙인 신문지의 내용들은 이 분쟁 사태를 이야기하는 기사로 가득 차 있습니다. 그리고 오려 붙인 파란색 원 형태의 종이는 둥근 카페 식탁을 나타낸 것이고, 그 주변을 감싸는 기사 내용들은 전쟁 기사가 아닌 신문에 연재 중인 낭만 소설입니다. 피카소는 당시 사회에서 일어나는 중요한 사건을 이야기하며, 동시에 이런 상황 속에서도 사랑이 중요하다는 것을 말하고 싶었던 건 아닐까요? 여러분은 어떻게 생각하나요?

우리는 캔버스라는 공간 속에 그려진 그림들이 현실 세계와 동떨어졌다고 생각할 수 있습니다. 회화에 우리가 직접 사용하는 재료를 사용하고 혼합해 회화가 현재 세계를 재현해내는 것이 아닌, 실제 이 세상과 함께한다는 것을 보여줌으로써 관람자들에게 새로운 시각을 전달하는 것이 바로 콜라주 기법입니다.

이렇듯 와인과 예술에서 서로 다른 것들을 섞어 어떤 결과물을 만들어내는 것은, 각각이 지닌 고유한 가치와 개성을 없애는 것이 아니라 조화로움을 통해 최상의 아름다움을 만들어내는 것입니다. 마하트마 간디는 "행복은 생각, 말, 행동이 조화를 이룰 때 찾아온다"라고 했습니다. 이처럼 우리의 삶 또한 나 혼자

가 아닌 다른 사람들과 어우러졌을 때 가장 밝은 빛을 발휘하는

것이 아닐까요.

ART & WINE

07

응축

: 진한 색감과 맛을 만들어내는 비결

두껍게 바르는 임파스토

고흐 <밤의 카페테라스>

과거에는 잘 그린 그림의 기준이 무엇이었을까요? 시대마다 차이가 있지만 카메라가 발명되기 전인 19세기에는 마치 사진처럼 그려낸 것을 잘 그린 그림이라고 했습니다. 구도는 안정감이 있고, 음영은 인위적이지 않으며, 캔버스에 붓질의 흔적이 남지 않도록 매끈하게 그려야 했죠. 하지만 몇몇 화가는 캔버스의 붓질은 물론 물감의 양을 많이 사용해 일부러 두껍게 바르는 방법을 사용했습니다. 이 기법을 이탈리아어로 '반죽된'이라는 뜻을 가진 임파스토Impasto라고 합니다.

임파스토는 정확하고 세심한 표현이 아닌 색감 위주로 작품을 표현하는 기법입니다. 미술학계에서는 처음으로 이 방법을 사용한 화가를 렘브란트 판 레인Rembrandt van Rijn으로 꼽고 있으며, 그 외 우리에게 유명한 화가 빈센트 반 고흐Vincent van Gogh가 있습니다. 그는 프랑스 남부 아를에 있을 당시 어두운 밤에 퍼지는 빛의 효과에 대해 계속 관심을 가졌습니다. 그는 여동생에게 보낸 편지에 이렇게 적었지요.

"가끔은 낮보다 밤이 훨씬 더 화려한 색으로 물드는 것 같다."

같은 해 9월, 그는 아를 포룸 광장Place du Forum의 한 카페테라스에서 우리가 어디선가 한 번쯤은 본 적 있는 유명한 작품을 그립니다. 짙은 밤하늘 아래 노란빛으로 물든 도시의 모습을 담아낸 <밤의 카페테라스>Cafe Terrace at Night입니다.

<별이 빛나는 밤>The Starry Night은 그 이후에 그린 것으로 군청색과 코발트블루 색으로 짙게 물든 밤하늘에서 별들이 노란빛으로 보석처럼 반짝이지요. 그 아래 보이는 도시의 가스등은 은은한 오렌지색으로 빛을 발하고, 강 물결에 반사되어 고요한 분위기를 자아냅니다. 잔잔한 감동의 물결이 느껴지지요.

캔버스 가까이에서 그림을 바라보면 두껍게 바른 물감에서 고흐의 억제된 감정이 응축된 듯 느껴지고, 그 물감을 거친 붓터치로 흐트러뜨린 모습에서 그가 어떤 기분으로 자신의 응축된 감정을 풀어나갔는지 상상하게 됩니다. 또한 한 걸음 떨어져 캔버스를 바라보면 두껍게 바른 물감으로 인해 빛에 따라 그림

빈센트 반 고흐, <밤의 카페테라스>

빈센트 반 고흐, <별이 빛나는 밤>

에 그림자가 집니다. 그래서 그림이 살아 움직이는 듯한 느낌이 들며, 실제 아를의 론강에서 이 풍경을 바라보는 듯한 착각마저 불러일으키지요. 이렇듯 임파스토 기법은 뭉친 물감들이 색조를 짙게 만들고 그림에 생동감을 주어 사람의 감정을 움직이는 힘이 됩니다.

귀하게 부패한 와인
귀부 와인

임파스토 기법처럼 향과 맛이 짙게 응축되어 깊은 감동을 선사하는 와인이 있습니다. 바로 귀부 와인입니다. '귀부'는 한자어로 의미를 풀면 귀할 귀貴, 썩을 부腐로 귀부 와인은 '귀하게 썩은 와인'이라는 의미입니다. 영어로는 노블 롯Noble Rot, 프랑스어로는 푸리튀르 노블Pourriture Noble이라고 합니다.

포도는 보통 8월 말에서 9월 초에 수확합니다. 하지만 귀부 와인은 포도를 수확하지 않고 부패하기를 기다립니다. '포도를 부패시켜 와인을 만든다니, 무슨 말이지?'라며 의문이 들 수 있습니다.

귀부 와인은 주로 강 근처에서 만드는데, 아침 안개가 피어오르고 축축하고 습한 공기로 인해 포도에 보트리티스 시네레아Botrytis Cinerea라는 곰팡이가 생깁니다. 이 곰팡이는 포도 알맹이를 손상시켜 미세한 구멍과 상처를 만듭니다. 그리고 낮이 되면 햇볕이 내리쬐면서 기온이 올라가 곰팡이는 사멸하고, 포도 알맹이 속 수분이 구멍을 통해 날아가면서 포도가 쪼그라듭니다.

이러한 부패와 건조 과정이 반복되면서 포도 속 수분은 날아가고 당분이 응축됩니다. 건포도 형태가 되는 것이지요. 이 상태로 양조하면 포도에 응집된 향과 당분이 폭발적으로 느껴지는 화려하고 세련된 스타일의 스위트 와인이 만들어집니다.

백조가 물 위에서 우아하고 도도한 모습을 보이기 위해 물밑에서는 쉴 새 없이 발길질하듯, 인간의 노력과 자연의 은혜가 있어야만 이처럼 화려하고 세련된 향과 맛을 지닌 와인이 만들어집니다. 포도가 부패하는 과정에서 습도가 너무 높으면 포도가 썩을 수 있고, 습도가 너무 낮으면 곰팡이가 생기지 않기 때

귀부 와인 대표 생산지인 소테른 지역의 와인들

문이죠. 그래서 귀부 와인을 만드는 생산자들은 10월 날씨에 가장 민감합니다. 그리고 포도 알맹이에 수분이 많이 없기 때문에 포도즙을 짜도 얻을 수 있는 양이 현저히 적어 보통 와인 한 병을 만들기 위해 필요한 포도송이보다 약 6배 가까이 더 필요하다고 합니다. 그렇기에 포도를 지속해서 관리하는 농부의 노력과 자연이 내려준 은혜가 있어야만 생산할 수 있고, 귀부 와인의 가격대는 대체로 높은 편입니다. 주로 프랑스 보르도의 소테른 Sauternes 지역과 헝가리의 토카이Tokaj 지역, 그리고 독일의 트로켄베렌아우스레제Trockenbeerenauslese 와인이 이와 같은 방식으로 만듭니다.

이렇듯 와인의 맛을 응축시켜 풍미와 향미를 폭발시키는 와인 양조 방법이 있듯, 물감을 듬뿍 발라 응축해 표현함으로써 사람의 감정을 움직이는 임파스토 미술 기법이 있습니다. 응축되어 강렬한 힘이 생긴 그림과 와인을 만나 진하고 깊게 감동해보길 바랍니다.

◇

유래

: 와인 병 모양의 과거와 현재

◇

작품으로 보는 과거의 와인

트로이 <굴이 있는 점심 식사>

여러분은 미술관에서 그림을 보는 자신만의 방법이 있나요? 저는 가끔 미술관을 방문해 와인 병이나 와인 잔들이 그려진 그림만 찾아보곤 합니다. 현재 우리가 사용하는 와인 잔과 와인 병의 모습이 과거의 모습과는 많이 다르기 때문이지요. 그림을 통해 당시의 모습들을 보는 재미가 쏠쏠합니다.

과거의 와인 병과 와인 잔을 볼 수 있는 대표적인 작품이 장 프랑수아 드 트로이Jean-François de Troy의 <굴이 있는 점심 식사>The Oyster Dinner입니다. 17세기에 뜻하지 않게 발견된 샴페인이 프랑스 귀족과 왕족 사이에서 엄청나게 유행하기 시작합니다. 그리고 우리나라와는 달리 유럽에서는 굴이 고급 식재료 중 하나로,

장 프랑수아 드 트로이,
<굴이 있는 점심 식사>

당시 권력가들만 즐길 수 있는 요리였죠. 그림 왼쪽을 보면 귀족들과 굴을 나르고 있는 하인이 샴페인 병 안의 기압을 이기지 못하고 하늘로 솟구친 코르크를 놀라움과 호기심 가득한 눈으로 쳐다보고 있습니다. 또한 그림 오른쪽에는 와인이 얼마나 맛있는지 자신의 얼굴이 붉어진 것도 모른 채 자신의 잔을 채우기 바쁜 귀족들의 모습이 보이죠.

지금으로부터 500년 전 사람들이 어떻게 와인을 즐겼는지 볼 수 있다는 게 참 흥미롭지 않나요? 와인 병을 보면 지금 우리가 흔히 보는 와인 병과는 다릅니다. 와인 잔 역시 우리가 알고 있는 샴페인 잔과는 거리가 있죠. 그렇다면 과거에는 어떻게 와인 병과 와인 잔을 만들어 사용했는지, 어떤 이야기가 담겨 있는지 2개의 글에 걸쳐 이야기를 나눠보겠습니다.

먼저 다음 쪽에 실린 조각 하나를 보겠습니다. 턱수염이 덥수룩한 남자가 한 아이를 품에 안고 따스한 눈길로 바라보고 있습니다. 몸을 살짝 기댄 나무기둥 위로는 염소 가죽이 걸려 있으며, 남자의 이마를 자세히 보면 포도송이와 잎사귀가 표현되어 있습니다. 바로 술의 신 디오니소스Dionysos를 품에 안고 있는 사티로스Satyr입니다.

신 중의 신 제우스Zeus는 아내 헤라Héra 몰래 인간이었던 세멜레Semele와 바람을 피웁니다. 이 사실을 안 헤라는 세멜레를 찾아

제우스의 아들 디오니소스를 안고 있는 사티로스

가 요즘 신을 사칭하는 인간이 많으니 그가 신이라면 무장한 모습을 보여 달라 하라고 꼬드기죠. 그러자 세멜레는 제우스에게 무장한 모습을 보여 달라고 하고, 제우스는 갑옷과 번개를 들고 그녀 앞에 나타납니다. 하지만 인간이었던 그녀는 제우스의 열기에 타서 죽고 말지요. 그때 제우스는 그녀의 뱃속에 자신의 아이가 자라고 있음을 알게 되고, 아이를 자신의 넓적다리 속에 넣고 달이 찰 때까지 키운 후 사티로스의 손에 넘겼다고 합니다. 그렇게 태어난 아이가 술의 신 디오니소스로 이 작품은 그의 탄생 비화를 이야기하고 있는 조각입니다.

최초의 와인 병
암포라

이 탄생 비화와 와인이 관련된 재미있는 이야기가 있습니다. 술의 신 디오니소스가 자라고 태어난 곳이 제우스의 넓적다리라고 했죠? 이 때문에 최초로 와인을 담아두었던 가죽 부대나 와인 병의 형태가 제우스의 넓적다리에서 비롯되었다

는 것입니다. 공식적으로 알려진 최초의 와인 보관 용기 암포라
Amphora의 생김새를 보면 제우스의 넓적다리에서 와인 병의 모습
이 유래되었다는 이야기에 어느 정도 신빙성이 느껴집니다.

고대 그리스인들은 이 길쭉하고 중간에 볼이 넓은 형태의 암
포라에 와인을 만들고 보관했습니다. 그리고 이렇게 만든 와인
을 바로 마신 것이 아니라 크라테르Krater라는 주전자 형태의 용
기에 옮겨 담아 킬릭스Kylix라는 잔에 부어 마셨죠.

이후 고대 로마 시대부터 유리병을 만들긴 했으나 제작 비용

암포라

이 비싼 데다 기술이 발전하지 않아 유리가 얇고 약해 깨지기 일
쑤였습니다. 그래서 대중화되지 못하고 와인을 담아 귀족들의
식탁을 장식하는 용도로만 사용되었죠. 하지만 17세기 이후 목
재가 아닌 석탄을 사용해 높은 열을 발생시킬 수 있게 되었고,
고온으로 유리를 가공해 점차 강도 높은 유리를 만들게 되었습
니다. 1634년에는 영국에서 처음으로 유리의 두께가 두꺼워지
고 코르크로 밀봉이 가능한 와인 병이 등장하고, 1723년에는 프
랑스 보르도에서 유리 가공업자인 미첼Michell이 지금의 보르도

(왼쪽부터)
보르도 병, 부르고뉴 병, 샴페인 병, 알자스 병

와인 병과 비슷한 모양으로 대량 생산하기 시작합니다.

그러다 18세기 중반 루이 15세Louis XV가 각각의 와인을 병에 담아 이동시킬 수 있는 법안을 통과시키면서 프랑스 전역에 다양한 와인이 뻗어나가게 됩니다. 그리고 사람들이 와인을 소비하면서 생산 연도에 따라 와인의 품질이 달라지는 것을 알고 보관하기 쉽고 잘 쌓을 수 있는 형태로 병을 바꾸기 시작합니다. 이러한 이유로 우리가 알고 있는 와인 병의 모습이 1차로 완성되고, 각 지역의 특색과 개성에 맞추어 와인 병이 변화했습니다.

현재 와인 병은 크게 보르도, 부르고뉴, 샴페인, 알자스 병으로 나뉩니다. 알자스 병은 목이 긴 형태이고, 샴페인 병은 다른 와인 병들에 비해 두껍고 무겁게 만듭니다. 병 속의 기압을 견디게 하기 위해서지요. 보르도 와인 병은 어깨 부분에 힘이 들어가 있습니다. 어깨선이 각지고 원통형으로 생겼죠. 반면 부르고뉴 와인 병은 어깨 부분의 힘은 빠지고 아름다운 곡선미가 두드러진 것이 특징입니다. 이런 생김새를 보고 많은 사람이 부르고뉴 와인은 찌꺼기가 많이 생기지 않지만 보르도 와인은 찌꺼기가 많이 생겨 찌꺼기를 거르기 위한 목적으로 어깨선을 달리했다고 말하지만 정확한 이야기는 아닙니다. 어깨선이 있으면 와인을 따를 때 찌꺼기가 벽을 만나면서 와류를 일으켜 침전물들이 위로 뜰 수 있기 때문입니다. 그리고 보르도를 대표하는 1등급 와인 샤토 오브리옹Château Haut-Brion의 병은 오히려 부르고뉴 와인 병에 가까운 모습입니다. 이러한 것을 보면 찌꺼기 때문이 아니라, 그 유래는 정확히 알 수 없지만 과거 지역 간 왕래가 부족할 당시 자신들의 지역 특성에 맞추어 병 모양이 발전했다고 볼 수 있습니다.

다만 저의 개인적인 견해는 다음과 같습니다. 프랑스를 비롯한 모든 유럽의 나라들은 예부터 도시 국가로서의 성격을 가지고 발전해 지금도 지역색이 뚜렷합니다. 부르고뉴 지역에서는 보르도 와인을 찾기 힘들고, 보르도 지역에서는 부르고뉴 와인을 찾기가 쉽지 않죠. 제가 와인 학교에 다닐 때 선생님께 보르도와 부르고뉴 와인을 비교하는 질문을 하나 했는데, 선생님의 대답이 아직도 기억에 남습니다. "그런 질문은 보르도 가서 해라!" 부르고뉴 와인을 감히 보르도 와인에 비교하지 말라는 농담 섞인 대답이었지만, 어느 정도는 진심이지 않았을까 생각합니다. 그리고 본격적으로 와인을 병에 넣기 시작한 것은 부르고뉴 지역이 보르도보다 먼저였습니다. 그래서 보르도 지역 사람들이 부르고뉴를 경계하며 일부러 차별화시켜 병 모양을 만든 것은 아니었을까 하고 생각합니다.

또한 와인 병은 연한 녹색부터 진한 녹색과 갈색까지 다양한 색으로 만듭니다. 와인은 자외선에 약한데, 색이 있으면 자외선을 막아주기 때문이죠. 그러나 금방 소비하는 화이트 와인과 아름다운 장밋빛을 자랑하는 로제 와인은 투명한 병에 담기도 합니다.

그렇다면 와인 한 병의 용량은 왜 750ml로 정해져 있는 것일까요? 여기에는 수많은 이야기가 있습니다. 유리병을 만들던 장인들이 한 번에 불어서 만들 수 있는 유리병의 크기가 약 750ml였다, 과거 그리스 로마인들이 하루 동안 마실 수 있는 와인의 적정량이 750ml 정도였다, 와인 생산자들이 와인을 숙성시키던 225L 용량의 오크통에서 300병을 생산하기로 결정하면서 한 병에 750ml가 되었다는 것입니다. 프랑스 와인의 가장 큰 고객인 영국인을 위해서였다는 이야기도 있습니다. 영국은 리터Liter 단위를 쓰는 프랑스와 달리 현재도 갤런Gallon 단위를 사용하고 있는데 1갤런은 약 4.5L로 750ml 와인 6병에 해당합니다. 영국인이 쉽게 이해하고 나눌 수 있도록 750ml 용량으로 와인 병을 만들었으며, 이런 이유로 6병, 12병 단위로 와인을 거래하게 되었다는 것이죠. 지금도 박스에 담긴 와인은 보통 6병과 12병으로 크게 나누어 판매하는 것을 보면 이 이야기가 제일 신빙성이 있는 듯도 합니다.

물론 750ml 크기의 와인 병만 있는 것은 아닙니다. 750ml 와인 병을 기준으로 다양한 크기가 존재하죠. 1/2 크기인 375ml 와인 병은 프랑스어로 드미Demi, 영어로 하프Half라 하고, 2배 크기의 1.5L 와인 병은 매그넘Magnum이라고 부르며 이 외에도 크기에 따라 명칭이 달라집니다. 와인 병이 커지면 장시간 숙성에 더 유리합니다. 많은 양의 와인이 담기지만 공기와의 마찰이 적어 숙성 속도를 늦출 수 있기 때문이지요. 그래서 와인 수집가들은 기본인 750ml보다 큰 병에 담긴 와인을 선호하기도 합니다.

제우스의 넓적다리에서 유래되어 지금의 모습을 갖춘 와인 병에도 많은 이야기가 담겨 있습니다. 박물관에서 제우스 동상을 만난다면 한 걸음 가까이에서 살펴보고, 와인을 마실 때는 이런 이야기들을 나누며 즐긴다면 더욱더 흥미로운 시간을 보낼 수 있을 것입니다.

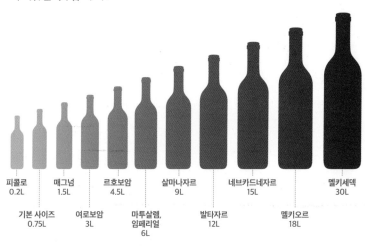

와인 병 사이즈, 명칭은 지역별로 다르다.

ART & WINE

09

발전

: 와인 잔의 변화

최초의 와인 잔
킬릭스

앞의 글, '유래 : 와인 병 모양의 과거와 현재'에서 고대 그리스 때 와인을 마신 잔이 킬릭스Kylix였다고 잠깐 언급했습니다. 킬릭스는 넓적한 접시 형태의 잔입니다. 마치 과일이나 음식을 담을 법한 접시처럼 보이지만 실제로는 와인 잔으로 사용했던 것이 많죠. 이처럼 크고 넓게 고안한 이유는 와인을 물에 타서 마셨기 때문입니다. 그리스인들은 와인 원액을 마시는 것은 야만적이며, 술에 취하는 것은 미개하다고 생각했습니다. 그리스의 시인 에우불로스Eubulos의 시를 보면 당시 사람들이 술을 어떻게 대했는지 알 수 있습니다.

"나는 절제를 위해 3개의 술잔을 채우네.

한 잔은 건강을 위한 것. 제일 먼저 비우지.

두 번째 잔은 사랑과 쾌락을 위해.

세 번째 잔은 숙면을 위해.

이 잔을 비우고 나면 현명한 손님들은 집으로 가지.

네 번째 잔은 더 이상 우리의 것이 아니라 오만의 것이고,

다섯 번째 잔은 소란, 여섯 번째 잔은 이리저리 날뛰게 하지.

일곱 번째 잔은 수치의 것이고, 여덟 번째 잔은 경찰을 부르며,

아홉 번째 잔은 구토, 열 번째 잔은 미쳐서 가구를 내던지게 하네."

킬릭스 표면에는 그리스 신화 이야기가 적회식과 흑회식으로 그려져 있습니다. 붉은 진흙으로 빚은 도기 위해 검은색 역청을 바릅니다. 그런 다음 그림을 그릴 때 검은색을 선으로 살리고 내부는 적색이 드러나도록 파내는 방식이 적회식, 반대로 적색을 선으로 살리고 내부를 흑색으로 남기는 방법을 흑회식이라고 합니다.

자, 그러면 이렇게 만든 잔을 들고 우리가 고대 그리스인이 되었다고 상상하며 와인을 한번 마셔볼까요? 당시에는 사람들이 살짝 누운 상태로 식사를 했습니다. 축 늘어지는 옷을 입고 서로 이야기하면서 킬릭스를 채운 와인을 비워냈죠. 그렇게 와인을

기원전 480년경 킬릭스

(출처: Wikimedia Commons)

적회식(왼쪽)과 흑회식(오른쪽)으로 표현한 킬릭스

(출처: Wikimedia Commons)

마시다 보면 잔 바닥에 그려진 그림들이 서서히 드러납니다. 여기에는 태양의 신 아폴론이 그려져 있기도 하고, 포도주의 신 디오니소스가 그려져 있기도 합니다. 그리스인들은 이 그림들을 주제로 이야기를 이어나가며 흥을 돋우고 즐겼습니다. 이렇게 함께 모여 술을 마시는 것을 고대 그리스어로 심포지아Symposia라고 불렀으며, 이것이 현재 토론회를 뜻하는 심포지엄의 유래가 되었죠.

한편 이 최초의 잔 킬릭스의 모습은 그리스 신화에 등장하는 최고의 미녀 헬레네Helen의 가슴 모양을 따서 만들었다고도 이야

기원전 520년 마스토스 (출처: Wikimedia Commons)

기합니다. 고대 그리스에는 마스토스_{Mastos}라는 또 다른 용기가 있었는데, 이는 여성의 가슴 모양과 상당히 닮은 것을 확인할 수 있습니다. 그리고 세월이 흘러 18세기 프랑스의 왕비 마리 앙투아네트는 자신의 가슴 모양으로 와인 잔을 만들었다고 합니다. 이것이 우리가 흔히 축배로 샴페인을 즐길 때 쓰는 쿠프_{Coupe} 잔의 모습이라고 이야기하죠. 그래서 프랑스에서는 샴페인을 한 잔 주문할 때 "엉 쿠프 드 샹파뉴(Un coupe de champagne, 샴페인 한 잔)"라고 말합니다.

와인에 따라 어울리는 잔 모양
트로이 <사냥터의 식사>

유리 기술이 발전하면서 유리로 만든 잔이 등장합니다. 하지만 이때의 잔도 와인을 더욱 잘 느끼며 즐길 수 있게, 기능적인 면을 살려 만들었다고 보기는 어렵습니다. 18세기 초에 같은 화가가 그린 2개의 그림을 비교해볼까요?

장 프랑수아 드 트로이,
<사냥터의 식사>의 일부분(위),
<굴이 있는 점심 식사>의 일부분(아래)

위 작품 <사냥터의 식사>A Hunting Meal에서는 사람들이 레드 와인을 마시고 있고, 아래 작품 <굴이 있는 점심 식사>The Oyster Dinner에서는 샴페인을 마시고 있습니다. 하지만 두 작품 속의 잔 모양은 똑같습니다. 이처럼 과거의 와인 잔은 기능적인 면이 아니라 장식적인 면에 초점을 맞추어 아름다운 모습으로 만들었습니다.

하지만 18세기 초 요한 크리스토프 리델Johann Christoph Riedel이 세운 리델사Riedel에서 새로운 방식으로 와인 잔을 만들기 시작합니다. 특히 9대째 리델사를 물려받은 클라우스 요세프 리델Claus Josef Riedel은 유리 모양에 따라 사람들의 와인에 대한 인식이 달라진다는 것을 최초로 알아냅니다. 이후 리델사는 불필요한 장식을 없애고 와인을 더욱 잘 느낄 수 있는 기능성 와인 잔을 개발하기 시작했습니다.

와인 잔의 기능성은 몇 가지로 설명할 수 있습니다. 첫째, 투명하고 굴곡이 없어야 합니다. 와인의 색을 잘 느낄 수 있어야 하기 때문이죠. 둘째, 잔의 두께가 얇아야 합니다. 와인과 입이 접촉을 할 때 중간에 층(레이어)이 느껴지지 않게 하기 위해서입니다. 셋째, 잔의 크기가 적당해야 합니다. 보통 와인은 잔의 1/3 정도를 채우는데, 이때 잔을 사용하는 데 불편함이 없고 향과 맛을 잘 느낄 수 있어야 합니다. 그리고 마지막은 시각적으로 아름

(왼쪽부터)
보르도 와인 잔,
부르고뉴 와인 잔,
샴페인 플루트 잔,
샴페인 튤립 잔

다워야 합니다. 보기에 예쁜 음식이 더 맛있게 느껴지는 것처럼, 잔이 아름다우면 거기에 담긴 와인의 맛이 훨씬 좋게 느껴지기 때문입니다.

이렇게 만든 와인 잔의 종류는 크게 화이트 와인과 레드 와인 잔, 샴페인 잔으로 나뉩니다. 보통 화이트 와인 잔과 샴페인 잔은 레드 와인 잔보다 담을 수 있는 양이 적습니다. 잔에 와인을 적게 채움으로써 차가운 온도를 유지하며 마실 수 있도록 고안했기 때문이지요.

그리고 레드 와인 잔은 크게 보르도 와인 잔과 부르고뉴 와인 잔으로 나눌 수 있습니다. 보르도 와인 잔은 부르고뉴 와인 잔에 비해 높이가 더 높고 중간 부분이 덜 볼록하지만, 잔 입구 부분은 더 넓습니다. 보르도 와인은 타닌이 강하고 힘이 좋아 진한 향들이 잔 윗부분으로 올라와 모이기 때문에 이를 잘 느낄 수 있도록 만든 것이죠. 반면 부르고뉴 와인은 향들이 옆으로 퍼진 후 잔 가운데로 모일 수 있게 만들었습니다. 만약 보르도 와인 잔에 부르고뉴 와인을 따르면 향이 옆으로 퍼지지 못하고 직선으로 올라와 와인의 다양한 향을 느끼지 못하고 단편적인 향만 느끼게 됩니다. 그래서 부르고뉴 와인 잔은 중간 부분은 볼록하고 잔의 입구는 좁게 고안해 와인을 최대한 잘 느낄 수 있게 디자인한 것이죠.

샴페인 잔은 보통 플루트Flûte 잔을 떠올립니다. 악기 플루트의 모양을 닮은 잔으로 얇고 길쭉한 형태이죠. 샴페인의 기포를 오랜 시간 가장 아름답게 감상하며 즐길 수 있어 많은 사람이 이 잔을 사용합니다. 하지만 잔의 입구와 몸통이 너무 좁아 향을 맡기 힘든 단점이 있어 샴페인 생산자들은 볼이 넓은 잔에 샴페인을 마시라고 권하기도 합니다. 다만 볼이 넓은 잔에 샴페인을 따를 경우 기포가 잘 보이지 않고 공기와의 마찰이 커켜 기포가 금방 사라지는 단점이 생깁니다. 그래서 등장한 것이 이 2가지 장점을 혼합한 튤립Tulip 모양의 잔입니다. 봄을 알리는 생기 있는 튤립처럼 볼 부분을 넓게 만들어 공기와의 마찰을 높였고, 이를 통해 샴페인의 향을 살릴 수 있게 했습니다.

이처럼 와인 잔에도 역사와 이야기가 있고 과학적인 이유가 존재합니다. 앞으로 와인을 마실 때는 어떤 잔을 선택할지도 고민하며 와인을 마시는 즐거움 이외의 재미를 느껴보면 어떨까요? 또한 과거 그리스인들처럼 널찍한 킬릭스 잔에 와인을 마시며 신들의 대화를 나누는 재미있는 경험도 해보길 권합니다.

◇

이해

: 깊이 있게 감상하는 방법

그림을 보는 방법
성모자 그림

"이 작품의 값어치는 1000억이 넘습니다."

만약 이런 말을 들었다면 어떤 생각이 떠오를까요? 수긍하며 고개를 끄덕이기보다는 '왜?' 또는 '뭐 이리 비싸?'라는 생각을 먼저 하게 될 것입니다. 또한 박물관에서 유명 작품을 볼 때도 이것이 왜 중요한지, 왜 보아야 하는지를 잘 모른 채 작품을 감상하는 경우가 많죠.

와인도 마찬가지입니다. 이 와인이 왜 좋다는 것인지, 그리고 무엇을 느끼며 마셔야 하는지 잘 모르고 와인을 마십니다. 물론 지인들과 즐거운 자리에서 맛있게 마셨다면 그것만으로도 충분하지요.

하지만 "아는 만큼 보인다"는 말도 있듯이, 작품을 감상하는 기본적인 방법과 와인을 마시는 기본적인 방법을 알고 접한다면, 한층 더 즐겁게 시간을 보낼 수 있지 않을까요?

미술 작품을 보는 방법을 알면, 박물관에 걸린 작품이 왜 비싼 가치를 지니는지 이해할 수 있습니다. 작품을 보는 여러 가지 방법에 대해 알아보겠습니다.

첫 번째는 정해진 약속을 통해 그린 작품의 내용을 읽어내는 방법입니다. 종교가 중요했던 과거에는 일반 신도들도 성서의 내용을 알고 이를 실천하며 살아야 했습니다. 하지만 라틴어로 적힌 성서의 내용을 일반 신도들은 알 길이 없었지요. 이를 해결하기 위해 성서의 내용을 하나의 약속된 그림으로 표현해 그 말씀을 전했습니다.

성서를 표현한 약속된 그림에는 어떤 것이 있는지 알아보겠습니다. 한 여인의 품에 안긴 아기 그림이 있다고 가정해보겠습니다. 과연 누구를 그린 걸까요? 성서를 바탕으로 한 그림이기에 여인과 아기는 성모와 예수의 모습임을 예상할 수 있습니다. 다른 그림을 가정해보겠습니다. 한 인물을 중심으로 총 12명의 인물이 한 식탁에서 나란히 식사를 하고 있습니다. 이것은 어떤 내용을 나타내고 있을까요? 최후의 만찬이라는 것을 우리는 단번에 알아챌 수 있습니다. 이렇게 정해진 약속을 우리말로는 도상

프라 필리포 리피, <성모자와 두 천사>(왼쪽)와
산드로 보티첼리, <성모자와 어린 세례자 요한>(오른쪽)

이라고 표현하고, 영어로는 아이콘Icon이라고 합니다. 즉, 약속을 통해 그린 작품의 내용을 해석해 읽어내려가며 감상하는 방법입니다.

두 번째는 같은 내용을 그릴지라도 화가마다 즐겨 사용한 색과 구도, 명암의 짙은 정도는 다 다릅니다. 예를 들어 성모자라는 동일한 주제를 그린 그림일지라도 어떤 화가는 성모의 품안에 예수를 그리지만, 어떤 화가는 예수에게 경배하는 성모의 모습을 그립니다. 스승과 제자 사이였던 프라 필리포 리피Fra Filippo Lippi와 산드로 보티첼리Sandro Botticelli의 그림을 보면, 같은 성모자지만 포즈와 색감을 다르게 표현했습니다. 작가에 따라 그림 속 인물의 포즈가 다르고, 구도와 색감 등도 차이가 나지요. 이처럼 양식 차이를 바탕으로 작가마다 그림의 특색과 특징을 찾아보며 감상하는 방법이 있습니다.

세 번째는 우리가 그림을 볼 때 가장 흔히 사용하는 방법입니다. 바로 작가의 일생에 따라 작품을 감상하는 방법이죠. 작가가 어떤 인생을 살았는지, 어떤 순간에 이 그림을 그렸는지를 알고 그 작가의 감정을 공유하며 그림을 감상하는 것입니다. 예를 들어 빈센트 반 고흐의 작품을 좋아하는 사람들 중 일부는 그가 힘든 삶 속에서도 끊임없이 그림을 그렸기에, 그의 작품 인생을 보고 좋아했을 겁니다.

네 번째 방법은 작품을 직접 감상한다기보다 작품을 중심으로 벌어지는 사건, 사고를 바탕으로 그 작품을 이해해보는 것입니다. <모나리자>라는 작품이 우리가 다 알 만큼 유명해진 이유는 무엇일까요? 레오나르도 다빈치가 그렸다는 것도 이유지만, 1911년 8월 20일 도난당한 이후부터 더 유명해졌습니다. 이것은 루브르 박물관에서 일어난 최초의 도난 사건으로 많은 이슈를 일으켰죠. 작품을 도난당해 비어 있는 공간을 보기 위해 사람들이 입장료를 지불하고 루브르 박물관을 찾을 정도였으니까요. <모나리자>는 훔쳐간 범인이 잡혀 루브르 박물관으로 돌아왔습니다. 하지만 프랑스의 정책과 행보에 불만을 가진 이들이 <모나리자>에 염산을 붓거나 머그잔을 집어 던지는 등 작품에 테러를 가합니다. 그 덕에 단순히 유명 화가의 작품이 아닌 프랑스 자체라고 말할 수 있는 작품이 되었죠. 이런 식으로 그림의 내용이나 화법 등을 보는 것이 아니라 작품 주변으로 벌어지는 상황들을 바탕으로 그림을 감상하는 방법이 있습니다.

이러한 다양한 상황이 반영돼 작품의 가치가 매겨집니다. 어떤 시대적 배경과 상황 속에서 누가 어떤 생각을 가지고 무슨 기법을 사용해 작품을 만들었는지, 어떤 메시지를 담아 결과적으로 어떤 영향을 끼쳤는지 등을 종합적으로 살펴보면서 작품의 가치를 매기는 것이지요. 이제 미술 작품의 가치가 왜 수억 원이나 되는지 납득이 되나요?

와인을 즐기는 방법
눈, 코, 입, 소리

와인을 제대로 즐기는 방법은 무엇일까요? 첫 번째는 눈에 보이는 그대로 와인을 관찰하는 것입니다. 와인의 색과 투명도, 와인 침전물이 있는지 등을 살펴보는 것이죠. 시간에 따라 와인의 색은 변합니다 (120쪽, 시간 참조). 색을 관찰해 와인이 변화한 시간을 느껴 볼 수 있죠. 와인 병에 침전물이 많다면 입 안에서 거칠고 쏩쏠한 느낌이 들 수 있습니다. 그리고 잔을 돌렸을 때 잔 내부를 따라 흘러내리는 와인의 모습을 흔히 와인의 눈물이라고 부릅니다. 이 눈물이 천천히 떨어지면 알코올의 농도가 높거나 당도가 높다는 의미입니다. 이렇게 시각적으로 와인을 관찰해 와인이 잘 보관되었는지,

상태가 어떠한지를 판단해볼 수 있습니다.

두 번째는 코로 와인을 느끼는 것입니다. 먼저 와인 잔에 코를 대고 향을 맡았을 때 느껴지는 향의 강도가 어떤지 판단해봅니다. 향이 잘 올라오는지 아니면 약하게 올라오는지를 느끼면서 와인 시음 적기를 판단해볼 수 있습니다. 또한 브리딩(140쪽, 소생 참조) 여부도 생각해볼 수 있습니다. 그리고 처음에는 잔을 흔들지 않고 향을 맡고, 그다음에는 잔을 돌려 와인과 산소의 마찰을 늘린 뒤 향을 맡아봅니다. 처음 향을 맡을 때는 포도의 고유 향과 품종에 따른 특유의 향을, 그다음 향을 맡을 때는 발효 및 숙성 과정을 거치면서 얻은 향미를 느낄 수 있습니다. 발효시킬 때의 숙성 온도 차이부터 어느 지역의 오크통을 사용했는지, 숙성을 얼마 동안 진행했는지 등 여러 환경에 따라 와인에서 느낄 수 있는 향미가 달라집니다.

세 번째는 입으로 마시며 와인을 느끼는 것입니다. 화이트 와인의 경우 입 안에서 느껴지는 산도의 품질을 살펴봅니다. 식초나 레몬을 먹었을 때 느껴지는 그저 짜릿한 신맛인지, 아니면 미네랄을 머금고 신맛과 동시에 감칠맛이 느껴지는지 등 신맛의 품질을 살펴보는 것이죠. 그리고 당도와 산미의 균형감이 잘 잡혀 있는지 판단해봅니다. 산미만 강할 경우에는 신맛밖에 느껴지지 않습니다. 하지만 당도가 적당하면 더 맛있는 산미를 느낄 수 있죠. 그리고 레드 와인은 타닌의 품질을 중점으로 느껴봅니다. 입 안에서 타닌이 기분 나쁘게 다가오는지, 아니면 기분 좋게 다가오는지를 통해 타닌의 품질을 판단해볼 수 있습니다. 이후 타닌과 산도, 그리고 당도의 균형감이 잘 잡혀 있는지 확인하고, 와인의 무게감은 어떤지 느껴봅니다. 무게감이 '가볍다, 무겁다'의 기준은 사람마다 다릅니다. 그래서 나만의 기준점을 세우기 위해 와인 하나를 중간 무게감의 기준으로 잡고 다른 와인과 비교합니다. 그리고 입 안으로 공기를 넣어 와인과 접촉시키며 순간적으로 와인을 산화시켜 와인 맛의 변화를 느낍니다. 그 공기를 코로 다시 내뱉으면 비강을 통해 전해지는 또 다른 향미를 느낄 수 있습니다. 이렇게 전체적으로 와인 맛을 느끼고 난 뒤 와인을 목 뒤로 삼키고 향과 맛이 얼마나 오랜 시간 동안 입 안에 남아 있는지 여운을 느껴보면 됩니다.

이러한 과정으로 와인을 마시려면 처음에는 시간이 오래 걸립니다. 하지만 반복해서 계속 연습하다 보면 금방 숙달되고 자신만의 와인을 시음하는 방법이 생겨나니 천천히 연습해보길 권합니다.

마지막으로 와인을 즐겁게 마실 수 있는 방법은 바로 소리입니다. 와인을 어떻게 소리로 느낄 수 있냐고요? 바로 잔과 잔을 부딪치는 것이죠. 잔을 부딪칠 때 나는 아름답고 청명한 소리는 우리를 더 행복하게 만들어줍니다. 그리고 잔을 부딪칠 때는 꼭 상대방의 눈을 꼭 바라봐야 합니다. 이 부분은 절대 잊지 않았으면 좋겠습니다.

와인은 단순히 취하기 위해 마시는 술이 아닙니다. 와인은 영원하지 않고 시간에 따라 끊임없이 변합니다. 사랑을 주며 보관한 와인은 천천히 아름답게 자신의 모습을 보여주지만, 잘못 보관하는 와인은 충격을 받고 손상되면서 금방 상해버립니다. 이런 불완전한 모습이 우리의 삶과 닮아 있죠.

또한 서유럽과 기독교 역사에서는 와인을 예수의 피라 여기며 신성시했고, 고대 로마 시대에는 포도주 신을 위한 축제를 벌였으며, 품질 좋은 와인과 포도밭을 쟁취하기 위해 사람들은 전쟁까지 벌였습니다. 이렇듯 와인은 사람들의 삶 깊숙이 들어와 수천 년의 시간을 함께했습니다. 단순한 술이 아니라 우리의 삶에 대해 이야기를 나누며 깨달음을 얻을 수 있는 인문학적인 의미를 지닌 하나의 오브제Objet인 셈이죠. 파스퇴르는 "한 병의 와인에는 세상의 어떤 책보다 더 많은 철학이 들어 있다"고 이야기했습니다.

간단히 살펴본 작품을 감상하는 방법과 와인을 마시는 방법을 통해 세상의 수많은 와인과 그림을 조금 더 깊게 이해해볼 수 있기를 바랍니다. 또한 이런 이해를 바탕으로 얻는 새로운 경험과 영감이 우리 삶을 조금 더 풍요롭게 만들어주길 바랍니다.

11

◇

시간

: 흘러가는 시간을 담은 와인과 캔버스

◇

시간을 담은 그림
모네 <루앙 대성당> 연작

우리는 흘러가는 시간을 잡을 수 있을까요? 화가 클로드 모네는 같은 장소에서, 같은 대상을, 같은 구도로 끊임없이 그리며 시간을 잡아냈습니다. 이러한 그림을 '연작'이라고 합니다. 그는 수많은 연작을 통해 동일한 것이 시간(빛)에 따라 다르게 보이는 모습을 표현했지요. 이 연작들은 지금까지도 많은 사람의 눈을 즐겁게 해줍니다. 하지만 클로드 모네Claude Monet 이전 다른 화가들의 연작은 완성작을 그려내기 위한 습작처럼 치부되었고, 완성작만 못하다는 평가를 받기 일쑤였습니다.

그렇다 보니 사람들은 같은 그림을 반복해서 그리는 모네를 보며 왜 그러는지 의구심을 품었죠. 어느 날 친구인 폴 세잔Paul

Cezanne이 모네에게 물어봅니다.

"모네, 너는 왜 똑같은 그림을 그렇게 열심히 그리는 거니? 어차피 완성작을 그리려고 연습하는 거 아니야?"

이 물음에 모네는 대답합니다.

"나는 그저 내가 그리고 싶은 순간들을 그릴 뿐이야."

이러한 이유로 모네의 연작은 다른 화가들과는 달리 습작이 아닌 각기 다른 하나의 작품으로 그 가치를 인정받게 됩니다.

모네는 연작을 통해 사람들에게 무엇을 보여주고 싶었던 것일까요? 프랑스 노르망디 지역에 있는 루앙 대성당 앞에서 그린 그림을 보겠습니다. 여러분은 <루앙 대성당>Rouen Cathedral 연작에서 무엇이 느껴지나요?

시간의 흐름에 따른 빛의 변화를 느낄 수 있습니다. 빛은 아침, 점심, 저녁 그리고 날씨와 봄, 여름, 가을, 겨울 계절에 따라 달라집니다. 어느 날은 구름에 가려 흐릿하고, 어떤 날은 눈이 부실 정도로 찬란하죠. 모네는 그 빛이 대성당에 반사되어 부서지는 그 순간, 그 시간을 붓으로 캔버스에 담았습니다. 모네는 변화무쌍한 빛의 모습을 처음으로 캔버스에 담아낸 화가로서, '빛의 사냥꾼'이라는 별칭을 얻었습니다. 사람들은 보통 자신이 본 순간만을 기억합니다. 맑은 날 성당을 보았다면 그날의 성당 모습만 기억하겠죠. 하지만 햇살이 가득한 날, 흐린 날, 비 오

는 날의 성당 모습도 존재합니다. 그렇기에 이 연작을 본 관람자들은 '아! 내가 본 것이 전부가 아니구나!'라는 것을 깨닫게 되죠. 이처럼 모네의 연작 시리즈 그림은 사람들에게 새로운 시야를 제공함으로써 깨달음을 주었습니다.

이 그림에서 더 큰 감동을 느낄 수 있는 방법이 하나 더 있습니다. 바로 그림의 배경이 된 실제 장소를 방문해보는 것입니다. 화려한 조각들과 함께 150m가 넘는 높이로 건축된 대성당의 모습은 그야말로 장관입니다. 신에게 닿기 위해 노력했던 과거 사람들의 모습이 생생하게 다가오죠.

아마도 모네는 과거 사람들이 빛이라 여기며 믿고, 그들의 간절한 희망을 들어준 신의 모습을 다양한 색과 빛으로 자신의 화폭에 수놓았던 것은 아닐까 생각합니다.

시간이 담긴 와인
와인의 색 변화

클로드 모네가 그림 속에 시간을 담아냈듯 와인도

색으로 시간을 담아냅니다. 레드 와인은 최근에 생산된 와인일수록 색이 진합니다. 물론 포도 품종마다 지닌 고유의 색과 투명도의 차이는 있지만 대체로 짙은 붉은빛을 띠며, 어떤 것은 보랏빛에 가까운 어두운 색을 띠기도 합니다. 반대로 화이트 와인은 최근에 생산된 와인일수록 초록빛이 감돌며 색이 옅죠.

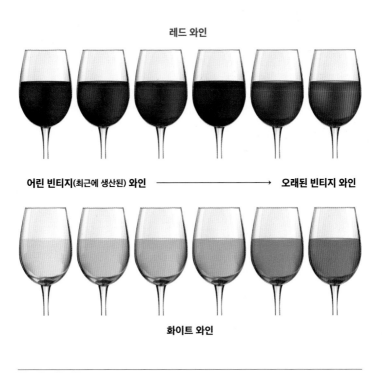

와인의 색 변화

와인의 색은 시간이 흐름과 함께 숙성되면서 병 속에서 천천히 변화하기 시작합니다. 짙었던 레드 와인의 색은 점점 옅어지죠. 붉고 보랏빛이었던 와인의 색은 기와색, 호박색으로 변해갑니다. 반대로 화이트 와인은 옅었던 색이 점점 짙어집니다. 초록빛에 가까웠던 맑은 색이 금빛, 호박 빛으로 변화하죠. 즉, 레드 와인과 화이트 와인의 색은 첫 모습이 다르지만, 세월이 지나면서 점점 하나의 색으로 만나게 되는 것이지요. 이 점이 참 흥미롭지 않나요?

가끔 와인 블라인드 테이스팅Blind Tasting을 할 때 한참 동안 와인의 색을 감상하는 소믈리에Sommelier의 모습을 볼 수 있습니다. 이는 와인의 색이 어떠한지를 보며, 이 와인은 몇 년 동안 숙성되었을지 짐작하는 과정이죠. 잘못 보관한 와인이라면 산소와의 접촉이 많아 색의 변화가 빠르게 진행되었을 테고, 문제가 있는 와인이라는 것을 감별할 수 있습니다.

와인 색의 변화에 따라 이 와인이 어떤 세월을 보냈는지도 알 수 있습니다. 색을 보고 어린 빈티지(최근에 생산된) 와인으로 예상했지만, 향을 맡았을 때 숙성 기간이 좀 지난 향이 나면 보관과 유통에 문제가 있었음을 알 수 있습니다. 또는 이 와인의 특별한 양조 방법이나 이 생산자만의 특별한 와인 생산 방법이 있는지에 대해 생각하고 연구해볼 수 있죠.

시간을 자신의 화폭에 화려한 색으로 담아낸 화가 클로드 모네, 그리고 색의 변화로 시간을 담아내는 와인. "시간은 모든 것을 숙성시킨다"라는 말이 있듯이 모네의 그림과 와인을 통해 흘러간 과거의 시간을 느껴보면 어떨까 싶습니다.

◇

마리아주

: 어울림과 조화

◇

와인과 어울리는 음식

와인 마리아주

마리아주Mariage는 결혼이라는 뜻의 프랑스어로 어떤 와인과 어떤 음식의 섬세한 어울림을 설명할 때 사용합니다. 즉, 음식과 와인의 궁합에 대한 이야기지요.

"생선에는 화이트 와인, 고기에는 레드 와인"이라는 말을 한 번쯤 들어봤을 것입니다. 일반적으로 해산물에는 가볍고 상쾌한 화이트 와인, 그리고 무게감이 있고 입 안을 꽉 채우는 육즙이 매력인 육류에는 타닌이 있는 레드 와인이 잘 어울린다고 말합니다. 하지만 이 말이 꼭 맞는 것은 아닙니다. 포도 품종, 기후, 생산자에 따라 화이트 와인끼리, 레드 와인끼리 표현되는 맛 스타일이 완전히 달라지기 때문입니다. 그리고 개개인의 맛과 향

육류에는 레드 와인, 해산물에는 화이트 와인

에 대한 취향이 다르기 때문에 마리아주에 대한 정답은 없다고 할 수 있습니다. 그럼에도 조금 더 효과적으로 좋은 마리아주를 찾는 방법을 알아보겠습니다.

우선 맛을 서로 보완해주고 잘 어울리는 맛의 상관관계를 알면 좋습니다. 사람이 느낄 수 있는 맛은 크게 단맛, 짠맛, 쓴맛, 신맛, 감칠맛 5가지로 나눌 수 있습니다. 이 맛들이 균형을 이룰 때 우리는 좋은 맛을 느낄 수 있죠. 흔히 단맛이 있는 과일에 약간의 신맛이 가미되면 훨씬 더 풍부한 단맛의 향과 맛을 느낄 수

있습니다. 그리고 지방이 많아 자칫 느끼할 수 있는 음식이 신
맛과 만나면, 신맛이 입 안을 깔끔히 씻어주는 역할을 해 서로가
가진 맛의 단점을 보완하고 장점을 부각시켜주죠.

하지만 이런 관계를 다 이해하고 와인을 고르는 것은 힘든 일
입니다. 이럴 땐 많이 알려진 고전적 마리아주 법칙을 따라가도
좋습니다. 수십, 수백 년의 시간을 지나오며 많은 사람이 괜찮다
고 인정한 방법이기 때문이죠.

조금 더 쉬운 첫 번째 고전적 방법은 음식의 색에 맞추어 와
인을 고르는 것입니다. 색이 하얀 해산물 혹은 색이 하얀 육류
(닭고기)에는 화이트 와인이 어울리고, 색이 붉은 육류와 해산물
(연어, 참치)에는 레드 와인이 어울리죠. 연어와 참치는 해산물이
어서 화이트 와인과도 좋지만 타닌 성분이 적고 가벼운 피노 누
아 품종으로 만든 레드 와인과 먹어도 좋습니다.

두 번째 고전적 방법은 소스의 색에 맞추어 와인을 고르는 것
입니다. 하얀색 소스에는 화이트 와인, 붉은색 소스에는 레드 와
인을 곁들이는 것이죠. 이렇게 생각하면 참 쉽죠?

몇 가지 팁을 더 드리면, 음식의 무게감과 비슷한 무게감을 지
닌 와인을 고르면 좋습니다. 예를 들어 생선회는 가벼운 음식인
데 여기에 묵직하고 텁텁한 맛이 강한 레드 와인을 곁들이면 음
식과 와인 모두 망치게 됩니다. 반대로 가볍고 상쾌한 화이트 와

인이나 샴페인을 곁들이면 훨씬 더 맛있게 먹을 수 있죠.

　그리고 항상 음식보다 와인의 맛이 좀 더 강한 것이 좋습니다. 예를 들어 신맛이 두드러진 음식에는 신맛이 강한 와인이 어울리고, 단맛이 있는 디저트에는 단맛이 강한 소테른이나 포트와인 등을 곁들이는 게 좋습니다. 음식 맛이 와인 맛보다 강하면 와인 맛이 음식에 묻혀버릴 수 있기 때문에 항상 음식보다 맛이 더 강한 와인을 선택하는 것이 좋습니다.

　더 쉽게 마리아주를 찾는 저만의 방식도 하나 이야기하겠습니다. 사람마다 태어난 고향이 다르듯 음식과 와인도 태어나고 만들어진 고향이 다릅니다. 눈치채셨나요? 바로 음식이 태어난 곳에서 만든 와인을 고르는 것입니다. 코코뱅 Coq au Vin이라는 프랑스의 전통 음식이 있습니다. 와인에 절인 닭을 여러 가지 채소와 함께 푹 끓여서 만드는 스튜인데, 부르고뉴 지역 음식인 이 코코뱅에는 부르고뉴 와인을 곁들여 먹으면 좋습니다. 그리고 얇게 썬 양배추를 발효시켜 고기나 생선과 함께 먹는 알자스 Alsace 지역의 전통 음식 슈크루트 choucroute는 알자스 지역 와인과 함께 먹으면 좋습니다. 와인과 함께 곁들이는 치즈도 마찬가지입니다. 프랑스 동부 쥐라 Jura 지역에서 생산하는 콩테 Comté 치즈는 쥐라 지역 와인과 곁들이면 좋고, 우리가 흔히 접하는 피자와 파스타는 이탈리아 와인과 먹으면 좋은 마리아주를 느낄 수 있습니다.

그렇다면 우리나라의 음식은 어떤 와인과 어울릴까요? 우리나라 음식은 매운 성분이 강해서 와인과 어울리기 쉽지 않지만, 단맛과 만나면 매운 성분이 완화되고 풍미를 살려주므로 약간의 단맛이 나는 와인을 곁들이면 좋습니다. 하지만 앞서 말씀드렸듯 맛에 대한 판단은 주관적이므로 식사할 때 많은 경험과 다양한 시도를 해보면 어떨까요? 자신에게 잘 맞는 마리아주를 찾는 즐거운 여행을 해보길 권합니다.

배색에 따라 달라지는 느낌
색 마리아주

와인과 음식처럼 그림을 그릴 때 가장 중요한 색에도 서로의 마리아주가 존재합니다.

파랑, 빨강, 노랑은 여러 가지 색을 만들어낼 수 있는 기본색입니다. 이 3가지 색은 세상의 어떠한 색을 섞어도 만들 수 없지만, 이 3가지 색을 이용하면 모든 색을 만들어낼 수 있어 색의 기본인 삼원색이라고 합니다. 이렇게 만든 수많은 색을 고리 모양으로 연결해서 나타낸 것이 어릴 적 미술책에서 본 색상환입니다. 이 색상환을 통해 우리는 색의 마리아주를 알 수 있습니다.

색의 마리아주와 그 효과를 알 수 있는 방법은 크게 2가지입니다. 첫 번째는 유사색으로, 비슷한 성질을 가진 색을 의미합

미셸 외젠 슈브뢸의 색상환

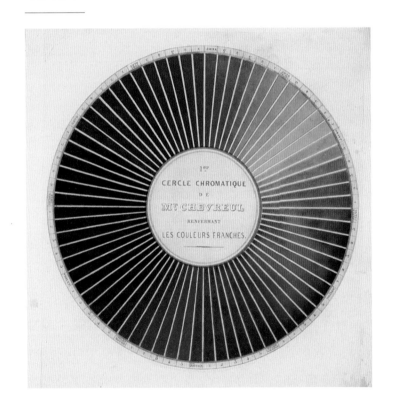

니다. 예를 들어 색상환에서 노란색 좌우에 연두색, 주황색 등이 있는데 이렇게 인접한 색들을 유사색이라 하며, 이런 색들을 사용해 캔버스를 채우면 차분하고 친근하며 안정감 있는 결과물을 얻을 수 있죠. 자연을 바라보면 이 유사색의 느낌을 쉽게 받을 수가 있습니다. 색의 변화가 다채롭지 않고 대비가 약하게 느껴질 수도 있지만, 정적이고 신뢰감을 주며 고급스러운 느낌을 전달할 수 있죠.

반면 서로 반대되는 색인 보색이 있습니다. 보색은 색상환에서 정반대에 있는 색상을 의미합니다. 예를 들어 노란색 반대편에 있는 것은 파란색, 초록색 반대편에 있는 색은 자주색인데, 이 2가지 색의 관계를 보색이라고 합니다. 보색을 한 캔버스에 담으면 동적이고 발랄한 느낌을 주며, 서로의 색을 더욱 명확하게 만들어주는 효과가 있습니다.

이러한 색들의 관계를 연구해 그림을 그린 대표적인 화가들이 점묘파Pointillism입니다. 동시대를 대표했던 인상파 화가들은 세상의 빛들을 화폭에 담아내며 감성적인 그림을 그려냈다면, 점묘파 화가들은 이성적인 생각과 과학을 바탕으로 색을 연구하고 탐구해 화면을 채워나갔습니다. 점묘파의 선구자로 알려진 조르주 쇠라Georges Seurat는 미셸 외젠 슈브뢸Michel-Eugène Chevreul의 《색의 조화와 대비의 법칙》이라는 책에 나온 이론에

집중해 색을 연구한 화가입니다. 그의 대표작 <그랑자트섬의 일요일 오후>Sunday Afternoon on the Island of La Grande Jatte를 보겠습니다.

그림을 가까이에서 보면 색을 배합해 자연스럽게 칠한 것이 아니라 단색 점들로 촘촘하게 칠한 것을 확인할 수 있습니다. 이렇게 점을 찍어 그림을 그렸기 때문에 점묘파라 부르는 것입니다. 그렇다면 그는 왜 점을 찍어 그림을 그린 것일까요? 기존 인상파 화가들은 세상의 순간을 화폭에 담아내기 위해 빠르게 붓질을 하고 캔버스 위에 덧칠을 해 색이 칙칙해지기도, 희미해지기도 했습니다. 쇠라는 이런 문제를 해결하고자 캔버스에 점을 찍은 것입니다. 점을 찍어 표현하자 덧칠로 희미해진 그림이 단색의 점을 통해 명확하게 표현되었습니다. 또한 그림을 보는 우리 눈에서 그 색색의 점들이 섞여 새로운 색들을 만들어냈죠. 더욱이 그는 보색 대비를 통해 색을 계획적으로 사용했기 때문에 기존 인상파 화가들의 작품보다 훨씬 더 선명한 색을 느낄 수 있습니다.

다른 작품도 볼까요? 점묘파의 또 다른 대표적 인물은 폴 시냐크Paul Signac입니다. 그의 작품 <우물가의 여인들>Women at the Well에서 눈에 두드러지는 2가지 색은 무엇인가요?

노란색과 보라색입니다. 이 2가지 색은 보색 관계로 서로의 존재를 더욱 명확하게 만들어 그림이 선명하게 보이며 화사한 느낌을 줍니다. 점을 찍어 색을 표현했기 때문에 부자연스러운

조르주 쇠라, <그랑자트섬의 일요일 오후>와 확대 화면

느낌이 있지만, 이러한 표현 덕분에 시간이 멈춘 듯한 느낌이 들며, 기존 인상파들이 추구했던 자연스러운 순간과는 다른 차별성이 있습니다. 이렇게 점묘파의 색에 대한 연구는 새로운 이론들을 탄생시켰고, 실제로 적용해 미술의 새로운 가능성들을 열었습니다. 점묘파의 색에 대한 사랑은 결국 신인상주의라는 말을 탄생시켰고, 후대에 나타나는 야수파, 입체파, 미래파 등 후배 화가들에게 많은 영향을 주었습니다.

이처럼 색상들을 조합하고 배색하는 방법에 따라 그림 느낌이 달라지듯, 와인도 함께 먹는 음식에 따라 향과 맛이 달라집니다. 와인과 음식의 마리아주, 한 작품 안에서의 색상의 마리아주를 고려하듯 자신과 와인의 마리아주, 자신과 작품의 마리아주도 생각해보면 어떨까요. 어떤 와인이 입맛에 맞나요? 어떤 작품이 자신의 이미지와 어울리나요? 이런 모습은 지금 나의 손을 잡고 있는 관계와도 닮아 있습니다. 이 관계는 때론 나와 닮은 유사한 색으로 나를 따스하게 맞아주기도 하지만, 때로는 나와는 너무나도 다른 색과 향을 풍기면서 나의 부족한 면을 채워주기도 하죠. 비슷하지만 나와 다른 모습으로 최고의 시간을 함께 만들어나간다는 점이 와인 마리아주, 색 마리아주처럼 나와의 마리아주를 의미하는 것은 아닐까요?

폴 시냐크, <우물가의 여인들>

◇

소생

: 최상의 상태로 만들기 위한 노력

◇

소믈리에의 노력
디캔팅

작품과 와인, 이 2가지 오브제가 지닌 최상의 모습을 마주할 때면 말 못 할 전율이 느껴집니다.

소믈리에Sommelier가 명주실을 뽑듯 와인이 든 병을 위로 올린 상태에서 빈 유리병에 와인을 옮겨 담는 모습을 본 적이 있나요? 와인은 병 속에서 천천히 숙성되면서 최상의 맛과 향을 만들어갑니다. 재미있는 점은 같은 와인일지라도 보관과 유통 방법에 따라 상태가 다르다는 것입니다. 그래서 소믈리에는 손님에게 와인을 따르기 전, 자신이 먼저 소량의 와인을 시음해보고 와인의 상태를 판단합니다. 손님이 최상의 상태로 와인을 즐길 수 있도록 서비스를 제공하는 거죠. 소믈리에가 먼저 시음해보는 행위는 거만스러운 것이 아니라 그가 할 수 있는 최선의 노력입니다.

가끔 소믈리에는 와인을 다른 유리병에 옮겨 담아 마시라고 권합니다. 이 과정을 프랑스어로는 데캉타주Decantage, 영어로는 디캔팅Decanting이라고 합니다. 프랑스어 동사 데캉테Décanter는 '맑은 윗물을 따라서 옮기다, 액체가 맑아지다'라는 뜻입니다. 데캉타주 또는 디캔팅은 쉽게 말해 와인 병 안의 찌꺼기를 제거해 와인을 깨끗하고 맑은 상태로 만드는 것입니다.

와인이 숙성될 때 타닌이 화학적 변화로 큰 분자를 형성해 와인 속에 찌꺼기를 만듭니다. 코르크 안쪽에 묻어 있거나 병 밑에 가라앉은 주석산염을 발견할 수 있죠. 일명 와인 다이아몬드라고 불리는 것으로, 와인을 구성하는 유기산 중 하나인 주석산이 시간이 지나면서 칼륨 등과 결합하면서 하얀색 결정체로 변한 것입니다. 주석산염이 생기는 것은 자연스러운 현상인데, 가끔 와인을 잘못 보관해서 생긴 것이 아니냐며 오해하는 사람들도 있습니다. 이러한 침전물은 인체에 무해하지만 와인에 쓴맛이 나게 하고, 미관상 좋지 않아 디캔팅 과정에서 침전물을 제거합니다.

디캔팅 과정은 다음과 같습니다. 우선 와인 병을 하루 이틀 정도 세워 침전물이 바닥에 가라앉게 하거나, 눕혀진 상태 그대로

1970년 샤토 라투르 와인 병 속 침전물

바구니에 조심스레 옮겨 담아 디캔팅을 준비합니다. 그다음 최대한 와인 병을 움직이지 않으면서 캡슐을 벗기고 코르크를 제거합니다. 이 과정에서 와인 병이 많이 움직이면 가라앉은 침전물이 다시 떠다닐 수 있으므로 움직임을 최소화해야 합니다. 그리고 촛불 위에 와인 병의 목 부분을 올려 침전물 찌꺼기가 따라 나오는지 확인하며 디캔터에 와인을 옮겨 담습니다(와인을 옮겨 담는 유리병을 영어로 디캔터Decanter, 프랑스어로는 카라프Carafe라고

디캔팅하는 모습

합니다).

　와인의 맑은 부분을 옮기다 찌꺼기가 나오기 시작하면 디캔팅을 멈추어야 합니다. 그리고 명주실을 뽑듯 와인을 얇게 따르는 것이 아니라 최대한 디캔터와 간격을 좁혀놓고 따릅니다. 왜냐하면 찌꺼기가 있는 와인은 대개 생산된 지 오래돼 산화에 취약하기 때문입니다. 침전물을 제거하기 위한 디캔팅이 오히려 와인을 과숙성시켜 좋지 않은 결과를 초래할 수 있으므로 최대한 가까운 거리에서 따르는 것이 좋습니다.

와인이 향과 맛이 풀리지 않아 제대로 된 모습을 보여주지 못하면 보통 "와인이 닫혀 있다"라고 표현하고, 제대로 된 맛을 잘 보여주면 "와인이 열려 있다"라고 말합니다. 와인이 닫혀 있을 경우, 와인을 열어주기 위해 인위적으로 산소와의 마찰을 높여 산화 과정을 거치게 합니다. 이것을 위해 디캔터에 와인을 옮겨 담는데, 이때는 디캔팅이라고 하지 않고 영어로는 브리딩Breathing, 프랑스어로는 카라페Carafer 혹은 아에라시옹Aération이라고 합니다. 뜻 그대로 숨을 쉬게 해 와인의 향과 맛을 깨우는 것입니다.

생산한 지 얼마 안 된 어린 와인의 경우 타닌과 산도가 거칠고 맛이 강하게 느껴집니다. 또한 향이 피어오르지 않고 와인에만 머물러 있는 경우가 있죠. 이럴 때 브리딩 과정을 통해 산소와의 마찰을 늘려 임의로 산화를 촉진합니다. 그 결과 타닌과 산도는 부드러워지고 향과 풍미가 발산되지요. 하지만 모든 와인에 이 과정이 필요한 것은 아닙니다. 어느 정도 시간이 지난 와인은 타닌과 산도가 많이 안정화되어 있고 산화에 민감하기 때문에 앞서 말한 과정을 거치면 과숙성을 촉진해 오히려 독이 될 수 있습니다. 그리고 과실 향과 신선함이 특징인 와인은 그 개성을 잃어버릴 수도 있지요.

그렇기에 소믈리에는 자신의 경험을 바탕으로 각 와인을 최상의 상태로 손님에게 선사하기 위해 디캔팅을 포함한 여러 기법을 사용합니다. 이러한 노력 덕분에 우리는 와인 한잔과 함께 즐거움과 깊은 감동을 받을 수 있는 것이죠.

작품 복원
<밀로의 비너스>, <사모트라케의 니케>

와인이 디캔팅 과정을 거치듯 예술 작품도 관람자가 최상의 상태에서 보고 크게 감동할 수 있도록 복원 작업을 거칩니다.

그렇다면 수많은 복원 방법 중 가장 좋은 복원은 무엇일까요? 바로 전혀 손대지 않는 것입니다. 루브르 박물관에 고대 그리스 로마 시대를 대표하는 <밀로의 비너스>Vénus de Milo라는 조각이

<밀로의 비너스>

(출처: Wikimedia Commons, Livioandronico2013)

있습니다. 이 작품이 지닌 높은 값어치 중 하나가 바로 발견 당시의 모습 그대로라는 점입니다. 1820년에 그리스 밀로스섬에서 발견되었는데, 조각에서 가장 취약 부위인 목이 부서지지 않고 머리와 몸이 붙어 있는 상태로 발견된, 유일무이한 그리스 로마 시대의 조각으로 그 가치가 높습니다. 현재 팔 부분이 없지만 발견 초기에는 팔도 붙어 있었습니다. 프랑스 탐험대의 일원으로 그리스를 방문했던 쥘 뒤몽 뒤르빌Jules Dumont d'Urville의 기록에는 팔이 있다고 적혀 있지만, 도착했을 때는 팔이 없어진 상태였습니다. 그래서 현재 사람들이 원래 비너스의 모습을 다양하게 상상하고 있습니다. 비너스의 상징물인 황금 사과를 들고 있는 모습, 또는 거울을 들고 있는 모습, 그리고 전쟁의 신 아레스에게 월계수를 씌워주는 모습 등 수많은 가설이 나왔지만 결국 프랑스에 도착했을 때 모습 그대로 팔이 없는 상태로 전시합니다. 그 결과 관람자들은 각자의 상상력을 통해 수많은 비너스를 탄생시켰고, 2000년 전의 작품이 현재에도 생생히 살아 움직이며 최고의 모습으로 우리 곁에 남게 되었습니다.

그렇다면 손대지 않는 것 다음으로 좋은 복원은 무엇일까요? 작품을 만들었을 당시의 모습 그대로 재현하는 것입니다. <밀로의 비너스> 근처에 <사모트라케의 니케>Nike of Samothrace라는 조각이 있습니다. 이 작품은 <밀로의 비너스>와는 다르게 수

<사모트라케의 니케>

많은 돌 조각으로 발견되었는데 그 모든 돌을 가지고 와 하나씩 붙여가며 복원했습니다. 하지만 우리가 현재 만나는 니케의 모습 모두가 발견된 조각으로만 복원한 것은 아닙니다. 오른쪽 날개 부분은 왼쪽 날개의 모습을 본뜨고, 왼쪽 가슴 부분은 오른쪽 가슴 부분을 본떠 새로 만들었습니다. 그럼에도 그 차이가 전혀 느껴지지 않습니다. 니케가 서 있는 뱃머리 부분 또한 당시의 모습으로 재현한 것입니다. 새로 만들 때, 재료만큼은 처음 만들 때와 동일한 것을 사용하기 위해 노력했습니다. 이 조각은 사모트라케섬 사람과 해상권을 놓고 벌인 전쟁에서 승리한 로도스 사람이 승전 기념비로 사모트라케섬에 세웠던 것입니다. 그래서 로도스섬에서 채석한 회색 대리석을 이용해 뱃머리 부분을 제작하고, 승리의 여신은 최고의 대리석인 파로스 대리석으로 만들었습니다. 산산이 조각난 파편을 모아 최대한 그 당시의 재료만 사용해 복원함으로써 그때의 영광을 재현했습니다. 이를 통해 2000년 후의 우리들이 시공간을 뛰어넘어 그 당시 사람들과 교감하고 공감하며 역사를 온전히 느낄 수 있게 되었습니다.

　이렇듯 와인과 예술에는 우리가 최고로 감동할 수 있게 하는 디캔팅 기법, 복원에 대한 철학적인 생각과 방법이 존재합니다.

이런 것들은 현재를 열심히 살아가며 나를 갈고 닦는 우리의 모습과 많이 닮아 있기도 합니다. 나를 최고로 빛내줄 그 순간을 위한 각고의 노력이 언젠가는 최고의 감동으로 다가오길 기다리며 오늘을 즐겁고 보람차게 지냈으면 좋겠습니다.

ART & WINE

14

◇

미완성

: 완성만큼 가치 있는 미완성

미완성 그림
다빈치 <모나리자>

세상에서 가장 유명한 그림을 하나만 꼽으라면 어떤 그림이 생각나나요? 최근 5년간 구글에서 검색 기록이 가장 많은 그림을 조사했는데, 1위로 꼽힌 작품이 레오나르도 다빈치 Leonardo da Vinci의 <모나리자>Mona Lisa라고 합니다. 이 작품에 대한 수수께끼 같은 이야기는 수도 없이 들어봤을 겁니다. 관람자를 따라 그녀의 눈동자가 움직인다, 눈썹이 없다, 다빈치가 자신의 모습을 그린 자화상이다 등 풀리지 않은 수많은 이야기를 지닌 미스터리한 작품입니다. 1503년부터 다빈치가 숨을 거두는 1519년까지 그의 화실에 남겨져 있던 그림이기에 많은 미술 전문가는 미완성 작품이라고 말합니다. 그리고 그는 <모나리자>

레오나르도 다빈치, <모나리자>

외에도 상당수의 작품을 미완성으로 남겨두었습니다.

다빈치의 대표적인 미완성 작품은 이탈리아 바티칸 박물관에 소장된 <광야의 성 히에로니무스>St. Jerome in the Wilderness입니다.

서방 교회의 4대 교부 중 하나인 히에로니무스 성인의 커다란 업적 중 하나는 성서를 라틴어로 번역한 것입니다. 그리고 그는 자신의 죄를 고백하고 회개하면서 자신의 가슴을 돌로 쳤다고 알려져 있죠. 그래서 보통 그림 속 히에로니무스는 책을 쓰는 모습 또는 한 손에 돌을 쥐고 자신의 가슴을 치려는 모습으로 형상화되고, 그의 옆에 사자가 자주 등장합니다. 그 이유는 그가 고행을 하던 어느 날 사자 한 마리가 나타났는데 자세히 보니 사자의 발에 가시가 박혀 있었습니다. 그 가시를 빼주었더니 사자가 은혜를 갚기 위해 히에로니무스에게 먹을 것을 가져다주고 그를 계속 따라다녔다는 이야기가 있습니다. 이 때문에 그림에서 사자를 자주 볼 수 있는 것이죠.

이 그림은 추기경 조제프 페슈가 로마 시내 한 구두 수선공의 테이블 위에서 그림 상단 부분을, 의자 등받이에서 그림 하단 부분을 우연히 발견하고 삽니다. 이후 나머지 조각을 찾기 위해 부단히 노력해 작품 전체를 찾았죠. 미완성이니 완성작에 비해 값어치가 떨어질까요? 그렇지는 않습니다. 이 작품을 통해 우리는 다빈치가 그림을 그릴 때 어떤 부분을 가장 신경 쓰고 고민했는지 알 수 있습니다.

다빈치는 제자들에게 이렇게 이야기했습니다.

"그림에서 가장 중요한 것은 표정이다. 이 표정을 위해서 다른 부분은 기꺼이 희생할 필요가 있다."

그래서인지 이 그림에서 표정만큼은 완벽하게 그려진 것을 확인할 수 있습니다.

미완성으로 남겨진 그림이 완성작보다 값어치가 낮다고 말할 수는 없습니다. 하나의 작품을 완성하기 위해 화가들이 어떤 고민을 했고, 어떤 삶을 살았으며, 어떤 생각의 변화를 겪었는지를 이러한 미완성작과 습작을 통해 알 수 있고, 그들의 다른 작품들을 이해할 수 있게 도와주기 때문이죠. 그러므로 완성과 미완성에 상관없이 작품마다 가치 있고 소중하다는 것과 더불어 이러한 면을 알고 그림을 보길 권합니다.

레오나르도 다빈치, <광야의 성 히에로니무스>

와인이 상한 이유
변질된 와인

그럼 와인은 어떨까요? 가끔 즐겨 마시던 와인이 갑자기 다르게 느껴질 때가 있습니다. 향에서 하수구 냄새가 나거나 맛이 너무 시큼하거나 코르크에 와인이 흥건히 젖었다면, 이는 와인이 변질된 것입니다. 와인이 변질되는 이유는 크게 3가지입니다.

첫 번째는 와인 병을 막고 있는 코르크가 오염된 경우입니다. 코르크에 곰팡이가 슬거나 코르크가 오염되어 와인과 접촉하는 시간이 늘어나면, 짙은 나무 향과 더불어 이질감이 느껴지는 기분 나쁜 냄새와 쓴맛이 납니다. 이 현상을 영어로 코르키Corky, 불어로 부쇼네Bouchonée라고 합니다. 와인을 막는 코르크를 프랑스어로 부숑Bouchon이라고 하며, '부숑이 상했다'라는 의미가 바로 부쇼네입니다.

두 번째는 와인이 산화된 경우입니다. 와인은 병 속에서도 계속 숙성됩니다. 떫은맛을 내는 타닌과 날카로운 산도들이 누그러들고 부드럽게 섞여 점점 맛의 균형감이 만들어집니다. 하지

만 와인 병을 장시간 세워 보관할 경우, 와인과 접촉이 없는 코르크가 바짝 말라가고 그 빈틈을 통해 산소가 병 속으로 침투합니다. 그 결과 짧은 시간에 빠르게 숙성되면서 숙성이 과다하게 이루어지고, 결국 산화되어 식초처럼 변질됩니다. 이해하기 쉽게 김치에 비유해보면, 같은 날 똑같은 재료로 만든 김치라도 어떤 용기에 담아 보관하느냐에 따라 김치가 익는 시간이 다 다릅니다. 항아리에 넣었는지, 플라스틱 통에 넣었는지, 뚜껑은 제대로 닫았는지 아닌지에 따라서 김치의 맛이 달라지는 것처럼 와

인도 보관 방법에 따라서 맛이 달라집니다.

　세 번째는 와인이 열화된 경우입니다. 와인을 우리나라로 수입할 때, 적도를 지나면서 와인이 적재된 컨테이너에 많은 태양열이 가해집니다. 이때 내부 온도가 상승해 와인이 끓어오르기도 합니다. 그래서 와인 수입 시 냉장 컨테이너를 사용해 안전하게 배송하려고 노력하죠. 그런데 꼭 이 경우가 아니더라도 온도차가 큰 곳에 와인을 보관할 경우 같은 문제가 발생할 수 있습니다. 이때는 와인 병의 목과 코르크 상태로 열화 유무를 확인해볼 수 있습니다. 열화된 경우 코르크 측면으로 와인이 묻어나오거나 내부 열로 인해 코르크가 위로 밀려나옵니다. 심한 경우 코르크 상단에 있는 캡슐과 라벨까지 와인으로 흥건히 젖고, 그대로 굳어 캡슐이 돌아가지 않기도 하죠. 이러한 이유에서 와인을 살때 캡슐이 돌아가지 않으면 와인이 변질되지 않았는지 의심해보라고도 합니다. 하지만 와인 캡슐을 잘 만들어 밀착된 경우도 있기에 반드시 변질되었다고 볼 수는 없습니다. 그리고 이렇게 열화된 와인은 마시지 말아야 하는 것도 아닙니다. 우리가 잘 느끼지 못할 만큼의 미세한 차이가 있을 수 있고, 생각보다 괜찮은 경우도 있기 때문입니다.

　변질된 와인이라 의심될지라도 한번 마셔보기를 권합니다. 왜냐하면 다양한 경험을 통해 와인이 지닌 여러 가지 모습을 확인할 수 있고, 이후 다른 와인을 접할 때 변질된 것인지 아닌지를 판단할 수 있기 때문입니다.

우리의 테이블 위에 올라오는 와인 한 병은 양조 방법뿐만 아니라 어떻게 유통되고 보관되었는지에 따라 많은 차이를 보입니다. 그렇기에 같은 와인이라도 맛과 향이 병마다 다르며, 때론 완성작 같지만 미완성작인 와인을 만나고, 완성작 한 병을 찾기 위해 우리는 마치 여행자가 된 듯 매일 와인 세상으로 여행을 떠납니다.

그림도, 와인도 완벽하게 완성된 것들만 존재하는 것은 아닙니다. 수많은 미완성작이 있고, 그 미완성작마다 고유한 가치가 있지요. 우리의 인생도 매일이 빛나는 황금기가 아닐지라도 모든 날은 각각의 중요한 의미를 지니며, 우리 스스로 그 가치를 깨달을 때 우리의 삶은 더 나아지지 않을까 생각합니다.

◇

자연

: 자연의 가치를 담은 노력

◇

친환경 방법으로 재배한 포도
내추럴 와인

　문명이 발전하면서 사람들의 삶은 윤택해지고 편
안해졌지만, 그 대가로 자연은 황폐해져 많은 문제가 발생하고
있습니다. 이에 따라 자연을 생각하는 친환경 운동이 많이 퍼져
나가고 있죠. 이런 운동은 와인 업계에도 영향을 주었고, 그 일
환으로 만든 것이 내추럴 와인Natural Wine입니다.

　인간은 화학 비료와 제초제, 농약들을 살포해 포도 재배 시 발
생하는 문제점들을 쉽고 편리하게 제거하고 포도를 수확할 수
있게 되었습니다. 하지만 이것들이 땅으로 스며들어 생태계에
변화가 생기고 불균형이 초래되면서 인간에게까지 그 영향이
미치게 되었지요.

(왼쪽부터) 유럽 연합 유기농 인증, 프랑스 유기농 인증, 미국 유기농 인증, 독일 유기농 와인 생산자 인증. 이 마크가 와인 라벨에 있으면 유기농 와인으로, 유기농 인증 기준은 나라마다 다르다. (맨 오른쪽) 바이오다이내믹 인증.

프랑스의 한 저명한 토양 미생물학자는 부르고뉴 지역, 그랑 크뤼 포도밭의 흙에 있는 미생물 수보다 사하라 사막의 흙에 존재하는 미생물 수가 훨씬 많다고 이야기해 많은 이에게 충격을 주기도 했죠. 그 결과 과거의 자연 친화적인 포도 재배로 돌아가자는 움직임이 일어났고, 크게 3가지 농법이 나타났습니다. 라 뤼트 해조네La Lutte Raisonnée 농법과 유기농Organic 농법, 그리고 바이오다이내믹Biodynamic 농법입니다.

첫 번째, 라 뤼트 해조네 농법은 프랑스어로 이치를 따진 행동, 대책이라는 뜻을 가지고 있습니다. 농약 사용 일체를 금하는 것이 아니라 최대한 사용을 자제해 재배하라고 권하는 농법입니다.

두 번째, 유기농 농법은 화학 비료와 합성 화학제품 일체를 사용하지 않고, 친환경 비료를 사용해 건강한 토양에서 농작물을 재배하자는 것입니다. 유기농 마크를 얻기 위해서는 3년 이상 화학 비료와 화학 제품을 전혀 사용하지 않아야 합니다.

세 번째, 바이오다이내믹 농법은 유기농 농법처럼 화학 비료 사용 및 인위적 행위를 배제한다는 생각의 뿌리는 같습니다. 하지만 유기농 농법보다 한 단계 더 차원이 높은 농법입니다. 우선 농장은 스스로 자생할 수 있는 하나의 유기체로서 농장 내에서 모든 것을 해결할 수 있어야 합니다. 예를 들어 천연 재료로 만든 비료일지라도 농장 밖에서 가지고 오는 것이 아니라 농장 내에서 기르는 가축의 거름이나 식물을 이용해 직접 만든 것을 사용하도록 권하고 있죠. 병충해를 이겨내기 위해 약을 치는 것이 아니라 천적인 벌레의 번식을 도모합니다. 이러한 노력으로 건강하고 비옥한 토양을 만들어 양질의 포도를 생산하는 것이 바이오다이내믹 농법입니다.

이 농법을 권장하는 사람들은 식물의 생장은 달의 움직임을 포함한 천체 움직임의 영향을 받는다고 이야기합니다. 그래서 점성술을 기반으로 12개의 별자리를 4개의 속성에 따라 물, 불, 땅, 공기로 나누고, 각 속성에 따라 과실의 날, 뿌리의 날, 꽃의 날, 잎의 날로 분류합니다. 과실의 날에 농사를 시작하고, 뿌리의 날에는 가지치기를 하고, 꽃의 날에는 농사를 쉬고, 잎의 날에는 물을 주는 방법으로 우주의 기운과 움직임에 따라 농사를

수소의 뿔에 암소의 거름을 채워 넣은 모습.
이 상태로 땅속에 묻어 겨울을 지내고
이듬해 봄에 비료로 사용한다.

짓습니다.

또 하나 재미있는 점은 이 구분에 따라 와인을 맛있게 마실
수 있는 날과 아닌 날도 구분할 수 있다는 것입니다. 과실의 날
이 와인을 마시기에 가장 좋고, 뿌리의 날과 잎의 날은 좋지 않
은 시기라고 말합니다. 그리고 천연 재료로 음양의 기운에 맞게

라벨 디자인에도 자연을 담은 오스트리아 내추럴 와인 안드레아 체페
(제공 : 뱅브로 수입사)

특수 비료를 만들어 사용하고 있죠. 바이오다이내믹 농법은 손이 많이 가고 포도 생산량이 현저히 줄어들기는 하지만, 건강해진 토양에서 재배한 포도는 테루아를 훨씬 더 잘 표현하고 맛과 향이 농축되어 고품질 와인을 생산할 수 있다고 알려지면서 도멘 르로이Domaine Leroy, 도멘 르플레이브Domaine Leflaive 등 유명 생산자를 포함한 많은 이가 사용하고 있습니다.

유기농 농법이나 바이오다이내믹 농법으로 재배한 포도를 사용해 합성 화학 첨가물과 인위적인 개입을 최소화하고 자연스럽게 만드는 와인이 내추럴 와인입니다.

발효 시 인공 효모는 사용하지 않고 포도 껍질에 묻은 자연 야생 효모만 사용해야 하며, 정제 및 여과 작업을 거치지 않죠. 그리고 양조 및 숙성 과정에서 어떤 첨가물도 넣지 않아야 합니다. 특히 이 과정에서 이산화황 사용을 최대한 배제합니다.

보통 이산화황 사용 여부에 따라 내추럴 와인인지 아닌지를 이야기합니다. 이산화황은 와인의 지속성 면에서 필수적인 것 중 하나입니다. 와인 안의 박테리아 및 여러 가지를 제거하기 때문이죠. 그래서 와인을 만들 때 이산화황을 일정량 넣어 와인의 보존성을 향상시키지만, 이 행위도 최소화하거나 일체 넣지 않고 와인을 만들려는 시도가 이어지고 있습니다. 이산화황을 넣지 않았을 경우, 식초 등의 휘발산 향과 오래된 가죽 같은 부패한 효모 향 등 불쾌감을 주는 향들이 천차만별로 발생하기 때문에 여기서 내추럴 와인에 대한 호불호가 많이 갈립니다. 하지만 화학 비료도 없고 농기계도 발전하지 않았던 수천 년 전에는 이러한 친환경적 방법으로 포도를 재배하고 와인을 만들어 마시지 않았을까요?

자연을 반영한 건축물
가우디 <사그라다 파밀리아 성당>

자연을 온전히 담아내며 자연스러움을 추구하는 내추럴 와인처럼 자연을 자신의 작품에 고스란히 녹여낸 건축가가 있습니다. 바로 스페인 바르셀로나를 대표하는 건축가 안토니 가우디Antoni Gaudí입니다.

"인간이 창조한 모든 것은 이미 자연이라는 위대한 책에 쓰여 있습니다."

_안토니 가우디

<사그라다 파밀리아 성당>

(출처: Wikimedia Commons)

그는 일찍이 자연의 위대함을 알고 있었고, 사람의 힘으로 지어 올리는 건축물이라 할지라도 자연에 순응할 줄 알아야 한다고 생각했습니다.

그를 대표하는 건축물은 <사그라다 파밀리아 성당>Sagrada Familia입니다. 저는 처음으로 이 성당을 직접 마주했을 때 '뭐 이런 건축물이 다 있어? 좀 흉물스럽게 보이는데?'라고 생각했습니다. 유럽에서 흔히 볼 수 있는 웅장한 르네상스 양식 혹은 절제된 엄숙미를 느낄 수 있는 고딕 양식이 아니라 기이한 모습이었기 때문이죠. 하지만 그가 추구한 생각과 철학을 알고 다시 마주했을 때는 그 어떤 말로도 표현하지 못할 만큼의 감동이 다가왔습니다.

현대 건축물은 거의가 각지고 딱딱한 직선으로 만들어졌습니다. 하지만 자연을 보면 직선은 존재하지 않고 유연성을 갖춘 곡선이죠. 실제로 가우디는 "직선은 인간의 선이고, 곡선은 신의 선이다"라는 말을 남겼습니다. 우리의 눈에 익숙하지 않은 곡선과 사선을 이용해 건축물을 지었기에 제가 처음에는 낯설게 느꼈던 것이고, 건물 외부에 조각된 작품들 또한 엄숙함이 느껴지는 익숙한 조각이 아닌 종려나무, 아몬드 나무 등 자연과 더불어 성인들의 모습이 담겨 있기에 다름을 만난 낯선 기분에 흉물스럽게까지 느껴졌던 것이지요.

<사그라다 파밀리아 성당>은 외부에서 바라보면 마
치 산처럼 거칠고 견고하고 다부진 모습입니다. 하지만
내부로 들어가면 마치 숲에 들어와 있는 듯 맑고 경쾌
한 기분이 느껴지지요. 실제로 가우디는 나무들이 우거
진 숲을 성당에 형상화시켜 놓았습니다. 큰 나무 기둥
들이 위로 올라가면서 작은 나뭇가지들이 뻗어나가는
모습으로 건물을 받치고 있습니다. 기둥 중간에는 실제
나무에 있는 옹이들의 모습이 표현되어 사실성을 더하
고 있죠. 그리고 천장에는 수많은 잎사귀의 모습과 더
불어 사이사이 구멍을 통해 들어오는 밝은 빛들이 나뭇
잎 사이로 떨어지는 실제 빛들을 형상화시켰습니다. 이
런 독특한 디자인 덕에 성당 안에서 나무들이 우거진
실제 숲속을 걷고 있는 듯한 느낌을 받을 수가 있지요.

　　그리고 보통 성당의 스테인드글라스에는 성서의 이
야기가 표현되어 있는데, <사그라다 파밀리아 성당>
내 스테인드글라스에는 성서의 이야기를 직접적인 표
현 대신 추상적인 색으로만 표현해놓았습니다. 탄생과
아침을 상징하는 곳은 푸른빛, 수난과 저녁을 나타내는
부분은 붉은빛을 주로 사용해 표현했습니다. 그 결과
세상의 그 어떤 성당보다 무겁지 않고 자연스러우며 감

<사그라다 파밀리아 성당> 내부 모습

(출처: Wikimedia Commons)

동적인 세상의 빛이 성당 안 곳곳으로 퍼져나가 따스함으로 가득 차게 되었지요.

가우디는 설계할 때도 독특한 방식을 사용했습니다. 건축물을 지을 때 가장 중요한 것이 중력과 더불어 건축물이 받는 힘을 얼마나 잘 분산시키느냐 하는 점입니다. 잘못 설계하면 건물이 무너질 수 있기 때문이죠. 가우디는 이 문제에 대한 해답 또한 자연에서 찾았습니다. 실 사이에 추를 매달아 쭉 늘어뜨린 뒤 이 것을 거꾸로 뒤집으면 자연의 중력이 만들어낸 가장 견고한 현수선 아치가 만들어집니다. 이 아치 모습에서 아이디어를 얻어 아치 건축 설계를 했지요. 이런 그의 천재적이고 창의적인 생각은 현재도 가장 독보적이고 개성 있는 모습으로 사랑받고 있고 많은 이를 바르셀로나로 끌어들이고 있습니다.

안토니 가우디는 아쉽게도 그의 살아생전에 이 건축물이 완공되는 것을 보지 못했습니다. 달려오던 전차에 치여 크게 다쳤는데, 행색이 남루했던 탓에 아무도 그를 알아보지 못하고 병원 한쪽에 방치해 제대로 된 치료도 받지 못한 채 허무하게 생을 마감했기 때문입니다. 그러나 비록 그는 떠났지만 그의 정신은 잘 전달되어 그 가치가 현재 빛을 발하고 있습니다. 그리고 후배 건축가들이 그의 꿈을 대신 이루기 위해 성당의 공사를 지금도 천천히 이어나가고 있습니다.

내추럴 와인도 초기에는 많은 시행착오를 거치며 많은 사람의 의심과 질타를 받았습니다. 하지만 내추럴 와인 생산자들이 포기하지 않고 일궈낸 노력이 현재 그 가치를 입증받으며 빛을 내고 있습니다. 그리고 더욱더 좋은 와인을 생산하기 위해 많은 생산자가 내추럴 와인을 천천히 계승 발전시켜나가고 있지요.

세기의 거장 안토니 가우디의 작품과 내추럴 와인에는 자연이 담겨 있습니다. 모든 답은 자연에 있다는 말처럼, 내추럴 와인 한잔과 가우디의 작품을 통해 자연을 만나며 자연이 가진 중요성과 가치를 다시 한번 생각해보았으면 좋겠습니다.

2장

작품과
와인에 스며든
감정

우리 삶에 항상 좋은 일만 가득하다면, 누구나 걱정 없이 즐겁게 살 수 있겠지요. 하지만 우리 인생에는 크고 작은 파도가 수없이 존재하고, 그 속에서 사랑, 기쁨, 슬픔 등 다양한 감정을 느낍니다. 특히 자신의 느낌을 그림으로 그린 예술가들의 작품 속에는 그들의 삶과 그때의 감정이 절실하게 녹아 있습니다. 이 감정들을 각각의 와인이 가지고 있는 이야기를 통해 만나고자 합니다. 실패와 성공, 존경과 조롱, 사랑과 질투, 위로와 행복, 꿈과 희망까지. 자신이 지금 느끼는 감정은 어떤 와인과 어울릴지 한번 찾아보길 바랍니다.

ART & WINE

16

◇

사랑

: 애정으로 가득한 와인과 그림

라벨에 하트가 그려진 와인

칼롱 세귀르

사랑은 어떤 대상에게 느끼는 애틋한 감정입니다. 가족, 친구, 연인과 사랑을 느끼고, 아이들이 인형이나 장난감을 사랑하는 것처럼 아끼는 사물에게 사랑을 느끼기도 하죠. 때론 낯선 이들의 따뜻한 행동과 말 한마디에서도 사랑을 느낍니다. 이렇게 세상에는 크고 작은 사랑이 수없이 존재합니다. 그리고 그 크기와 상관없이 이 사랑이 우리에게 살아갈 힘을 주죠.

사랑이라는 단어와 가장 잘 어울리는 와인이 있습니다. 라벨에 사랑스런 하트가 그려진 칼롱 세귀르Calon-Ségur입니다.

칼롱 세귀르는 1855년 재정된 보르도 와인 등급 중 3등급에 이름을 올린 와인으로 생 테스테프Saint-Estephe 지역에서 생산합

칼롱 세귀르 1982년

니다. 이 지역은 뛰어난 와인을 생산하는 보르도의 중요 와인 생산지 중 하나로 18세기까지는 생 테스테프 드 칼롱Saint-Esteve de Calones이라고 불렸습니다. 칼롱Calones은 강을 따라 나무를 실어 나르는 작은 배라는 뜻으로, 칼롱 세귀르의 칼롱은 이 단어에서 유래되었죠. 현재 와이너리Winery(와인 농장) 한쪽 벽면에 이렇게 적혀 있습니다.

"샤토 칼롱 세귀르는 메독 생 테스테프의 1등급 포도밭이다

Château Calon-Ségur Premier cru de St-Estephe Médoc."

3등급 와인인데 1등급이라고 써놓아 혼란스러울 수 있으나, 이 문장은 칼롱 세귀르가 생 테스테프에서 가장 처음 포도나무를 심은 와이너리라는 뜻입니다. 보르도 대학의 기록 보관소에는 12세기에 칼롱 와인에 세금을 부과했다는 자료가 남아 있습니다. 그 정도로 오랜 세월을 거친 역사 깊은 와이너리죠.

그러면 세귀르는 어떤 의미일까요? 15, 16세기를 거치며 뤼르Lur, 마르상Marsan, 발리에Vallier 가문을 거쳐 가스크Gascq 가문이 이 와이너리를 소유합니다. 17세기 와이너리의 소유주인 잔 드 가스크Jeanne de Gascq가 자크 드 세귀르Jacques de Ségur와 결혼하면서 세귀르라는 이름이 붙게 되었죠. 흥미로운 사실은 이 둘 사이에서 태어난 알렉상드르 드 세귀르가 당시 라투르Latour 와인의 상속녀와 결혼했고, 1715년에는 라피트 로칠드Lafite Rothschild 와이너리를 사들이면서 세귀르 가문의 전성기가 시작됩니다. 이후에는 무통 로칠드Mouton Rothschild 땅까지 인수하면서 최고의 전성기를 맞게 되죠. 현재 샤토 마고Château Margaux를 제외한 메독 지역의 모든 1등급 와인은 세귀르 가문이 소유하게 되었던 것이죠. 이 모습을 보고 당시 프랑스의 왕이었던 루이 15세는 세귀르 후작을 "포도나무의 왕자Prince des Vignes"라고 불렀을 정도로 당시 보르도에서 가장 영향력이 있는 인물 중 하나였습니다.

그는 이런 말을 남겼습니다. "나는 라피트와 라투르에서도 와인을 만들지만 내 마음은 항상 칼롱에 있다Je fais du vin à Lafite et à Latour, mais mon cœur est à Calon." 현재 칼롱 세귀르보다 몇 배나 비싸고 세계적으로 훨씬 더 명성이 높은 라피트와 라투르보다 칼롱에 더 마음이 있고 아낀다는 그의 이 말 한마디가 와인 라벨에 큰 하트를 그려 넣는 계기가 되었습니다.

저는 2005년에 처음 칼롱 세귀르를 마셨습니다. 벌써 17년이나 지났지만 그때 맡았던 향과 맛을 지금도 또렷하게 기억하고 있습니다. 한마디로 다크 초콜릿을 입 안에서 녹여 먹는 듯한 느낌이었습니다. 달콤 쌉쌀한 카카오의 맛을 진하게 느끼면서 너무나도 맛있게 마신 기억이 납니다. 그 순간 왜 라벨에 하트가 그려져 있는지, 세귀르 후작이 왜 라피트와 라투르보다 칼롱을 더 사랑한다고 말했는지 단번에 이해할 수 있었죠.

현재 칼롱 세귀르에서는 총 4가지 종류의 와인을 생산합니다. 퍼스트 와인First wine인 칼롱 세귀르, 세컨드 와인Second wine인 르 마르키 드 칼롱 세귀르Le Marquis de Calon Ségur, 서드 와인Third wine인 생 테스테프 드 칼롱 세귀르Saint-Esteph de Calon Ségur, 그리고 2015년부터 아시아의 주요 시장을 위해 한정으로 만들고 있는 르 프티 칼롱Le Petit Calon입니다. 가장 위치가 좋은 포도밭에서 수확한 품질 좋은 포도로 퍼스트 와인을 만듭니다. 그리고 퍼스트

칼롱 세귀르의 세컨드 와인인 르 마르키 드 칼롱 세귀르

와인을 만들기엔 포도나무 수령(나무의 나이)이 적거나 품질이
아쉬운 포도로 세컨드 와인과 서드 와인 등을 만들지요. 이는 조
금 더 저렴한 가격에 소비자들이 와인을 즐길 수 있도록 하기 위
해서입니다.

칼롱 세귀르는 서로의 마음을 확인하고 사랑을 표현하는 밸
런타인데이 선물로 인기가 많은 와인입니다. 사랑하는 사람에
게 이 와인을 선물해보세요. 라벨의 하트가 당신의 마음을 전달
해줄 거예요.

사랑을 색으로 표현한 화가

샤갈 <생일>

사랑으로 가득한 와인, 칼롱 세귀르 한잔 건네주고 싶은 화가가 있습니다. 사랑스럽고 아름다운 모습을 그려낸 화가, 색채의 마술사로 불리는 마르크 샤갈Marc Chagall입니다.

샤갈은 동화 같은 구성과 따스한 색감으로 많은 사람에게 사랑받고 있습니다. 같은 시기에 활동한 파블로 피카소Pablo Picasso가 "그의 머리엔 틀림없이 천사가 있을 것이다"라고 말했을 정도로 샤갈은 꿈을 꾸는 듯 장면을 구상하고 그 속에 사랑을 가득 채워 그림을 그렸죠.

그는 1887년 벨라루스Belarus의 비텝스크Vitebsk에서 태어납니다. 9남매 중 장남으로 생계를 꾸려나가야 하는 짐을 지고 있었지만, 어릴 때부터 그림 그리는 걸 좋아했던 그는 결국 화가의 길을 걸어가기로 마음먹습니다. 그리고 스물두 살의 나이에 작가 지망생이었던 여덟 살 연하의 벨라 로젠펠드Bella Rosenfeld를 만나 사랑에 빠지죠. 그녀와의 만남을 샤갈은 이렇게 추억합니다.

"그녀의 침묵은 내 것이었고, 그녀의 눈동자도 내 것이었다.

그녀는 마치 내 어린 시절과 부모님, 내 미래를 모두 알고 있는 것 같았고, 나를 관통해 볼 수 있는 것 같았다."

그가 그녀를 얼마나 사랑했는지 그림을 통해 확인해볼까요?

<생일>The Birthday은 샤갈이 벨라와 결혼식을 올리기 몇 주 전에 그린 작품입니다. 어느 날 벨라는 꽃을 한 아름 안고 샤갈의 작업실로 찾아와 질문을 던집니다. "오늘이 무슨 날인지 알아? 맞춰봐요." 이에 샤갈은 당혹스러워하며 대답하지요. "이런, 제가 중요한 날을 또 놓친 건가요? 나는 날짜 같은 건 전혀 모르잖아요." 이에 벨라는 웃음을 지으며 대답합니다. "오늘은 당신 생일이잖아요." 이 말을 들은 샤갈은 자신조차 잊은 자신의 생일을 기억해준 벨라가 너무나 사랑스러웠고, 이젤 위에 캔버스를 올리고 그녀의 모습을 화폭에 담아냅니다. 샤갈은 날아갈 것 같은 자신의 기쁜 감정을 그대로 캔버스에 옮겼지요. 그림 속 그는 위로 둥실 떠올라 꿈결처럼 그녀에게 다가가 입맞춤을 건네고 있습니다. 벨라는 샤갈에게 깜짝 생일 파티를 해줄 생각에 기뻐하며 꽃다발을 준비하고 있는데, 갑자기 다가온 샤갈의 따스한 키스에 그녀가 도리어 깜짝 놀라고 있는 듯한 모습이지요. 둘의 사랑스런 모습과 더불어 테이블 위에 놓인 식기류들은 앞으로 그들에게 펼쳐질 행복한 결혼 생활을 예고하고 있는 듯합니다. 젊은 연인 사이의 황홀한 사랑과 행복의 감정이 강렬하게 전달되

마르크 샤갈, <생일>

지 않나요?

샤갈의 또 다른 그림 <에펠탑의 신랑 신부>Bride And Groom Eiffel Tower를 보겠습니다. 이 작품은 그가 소중하게 생각하는 것들로 가득 채워져 있습니다. 그림 중앙에는 신랑 신부의 모습과 함께 닭이 등장하고, 하늘에서는 염소가 결혼을 축하하며 첼로를 연주하고 있죠. 샤갈은 어렸을 적 고향에서 보고 자란 닭, 염소 등의 동물들을 의인화해 친밀한 모습으로 작품 속에 등장시켰습니다. 그림 오른쪽 하단에는 그의 고향 비텝스크의 전경, 그림 왼쪽에는 그의 고향에서 행하던 유대인들의 소박한 결혼식을 표현했습니다. 고향에 대한 그리움을 나타내고 있는 것이죠. 또한 그림 중앙에는 자신과 아내 벨라의 모습을 신랑 신부로 표현했고, 에펠탑 앞에서 작은 천사들의 축복을 받는 행복한 순간을 둥실 떠다니는 듯한 꿈속의 한 장면으로 표현했습니다. 벨라와 결혼하고 23년이 흐른 뒤에 그린 작품이지만, 그림 속 둘의 모습을 결혼할 당시처럼 표현해 변하지 않는 영원한 사랑을 나타내고 있습니다.

이 외에도 벨라는 샤갈의 수많은 그림에서 그의 뮤즈로 등장합니다. 그의 그림에서 첫사랑의 풋풋함과 따스함, 설렘이 느껴지는 이유는 벨라를 향한 변치 않았던 그의 사랑 덕분이라 생각합니다.

마르크 샤갈, <에펠탑의 신랑 신부>

세귀르 후작은 애착과 열정, 헌신을 바탕으로 자신이 직접 와인 밭을 일구어나갔고, 라벨에 하트를 그려 넣을 정도로 칼롱 와인을 사랑했습니다. 그리고 화가 샤갈은 아내 벨라에 대한 존중, 헌신하며 이어온 사랑의 감정을 화폭에 고스란히 담았죠. 샤갈의 그림과 칼롱 세귀르 와인에 담긴 사랑은 우리의 마음을 따스하게 만들고 깊은 감동을 전합니다. 사랑하는 사람과 함께 이 와인 한잔, 어떤가요?

ART & WINE

17

슬픔

: 슬픔에 빠진 조각가에게 건네고 싶은 와인

슬픔에서 벗어나지 못한 조각가

카미유 <성숙>

유명한 조각 작품 <생각하는 사람>The Tinker을 만든 19세기 조각가 오귀스트 로댕Auguste Rodin을 모르는 사람은 많지 않을 겁니다. 조각을 회화 수준으로 끌어올렸다는 평가를 받는, 예술가로서 명성이 높은 인물입니다.

하지만 그에게는 숨기고 싶은 사생활이 하나 있습니다. 부인 로즈 뵈레Rose Beuret와 둘 사이에서 태어난 아들, 세 사람이 행복한 가정을 꾸리고 살던 어느 날, 그는 제자로 들어온 열여덟 살 카미유 클로델Camille Claudel과 사랑에 빠지고 말죠.

카미유 클로델은 어렸을 때부터 점토를 이용해 무언가를 만드는 데 재능을 보였습니다. 열세 살부터는 조각에 많은 관심을 가지며 실제 작품을 만들면서 남다른 천재성을 내비쳤죠. 그리고 당시 유명 작가인 로댕의 지도를 받기 위해 그의 제자로 들어갑니다. 이때 둘의 운명 같은 만남이 시작되죠. 로댕은 자신과 똑같은 수준에서 문제를 논의할 수 있는 그녀의 지식과 조각에 대한 천부적인 재능, 그리고 성공하고 말겠다는 그녀의 열망에 금세 매료됩니다. 그녀를 모델로 작품을 만들고, 작품의 일부를 그녀에게 맡기기까지 하죠.

로댕은 자신이 작업하던 작품의 손과 발을 그녀에게 빚게 할 만큼 그녀를 신뢰했습니다. 이뿐 아니라 그는 카미유의 모습을 자신의 작품 속에 많이 녹여냅니다. 대표적으로 시인 단테의 <신곡>The Divine Comedy에서 영감을 받아 만든 걸작 <지옥의 문>The Gates of Hell에 빼곡히 조각된 영혼들은 그녀의 모습을 빌려 만든 것입니다. 그녀의 웅크린 몸을 보고 만든 작품 <다나이드>Danaid 와 그녀의 손을 보고 만든 많은 손 모양의 조각들이 있죠. 이 외에도 수많은 작품을 카미유의 모습에서 영감을 받아 만들었습니다. 한마디로 로댕의 뮤즈는 바로 카미유였던 것이죠.

하지만 시간이 지나면서 둘 사이가 틀어집니다. 카미유는 로댕과 결혼할 생각이었지만, 로댕은 헌신적으로 자신을 지켜준 로즈 뵈레를 저버릴 생각이 추호도 없었기 때문이지요. 둘 사이에 갈등이 깊어지고 다툼이 잦아지면서, 결국 로댕은 카미유와의 관계를 청산합니다.

카미유는 로댕과 결별한 후 자신만의 독자적인 예술 세계를 구축하려 노력합니다. 하지만 당시 예술계에 끼치는 로댕의 영향력이 대단했기 때문에 그의 그늘에서 벗어나기는 쉽지 않았습니다. 그에 대한 미움이 커져갔죠. 그런데 야속하게도 그만큼 로댕에 대한 그리움 또한 깊어졌습니다. 카미유는 떠난 로댕을 잊지 못해 <성숙>The Mature Age이라는 조각을 만듭니다.

조각을 보면 한 늙수그레한 남자가 나이 든 여자의 유혹에 이끌려 어디론가 가고 있습니다. 그 뒤로 젊은 여자가 남자를 향해 무릎을 꿇은 채 가지 말라고 애원하죠. 로댕이 자신을 버리고 로즈 뵈레를 따라 떠나버렸음을 표현한 것입니다.

카미유는 로댕과의 이별로 큰 시련에 봉착했고, 시간이 지날수록 피해망상이 심해집니다. 로댕이 자신의 단물을 다 빨아먹어 자신의 창조적 재능이 없어졌다 생각했습니다. 그녀는 과대망상과 착란 증세까지 생겨 겨울 동안 작업한 작품들을 여름에 다 부숴버리고, 몇 달 동안 잠적했다가 갑자기 나타나는 등 이해하기 힘든 행동들을 하며 힘겨운 시간을 보냅니다.

카미유는 실제로 조현병에 걸렸다고 합니다. 조현병은 현실과 현실이 아닌 것을 구별하는 능력이 약화되는 뇌 질환으로, 정신 기능의 이상을 초래하는 정신병입니다. 흔한 증상으로 환각

카미유 클로델, <성숙>

과 망상이 있다고 알려져 있죠. 그녀의 삶은 더욱더 비참하고 피폐해집니다. 가족들마저 그녀를 외면하며 부끄럽게 생각하죠. 결국 1913년 유일하게 그녀를 안쓰럽게 여기며 챙겨주었던 아버지가 세상을 떠나면서 그녀는 어머니와 남동생에 의해 정신병원으로 보내졌고, 30여 년을 그곳에 갇혀 살다가 쓸쓸하게 생을 마감합니다.

슬픔이여 안녕
샤토 샤스 스플린

예술가로서 최고의 재능을 가졌지만 한 남자의 그늘에서 벗어나지 못해 인생의 꽃을 피우지 못한 카미유 클로델. 그런 그녀에게 건네고 싶은 와인이 있습니다. 샤토 샤스 스플린Château Chasse Spleen입니다.

샤스Chasse는 불어로 사냥, 스플린Spleen은 이유 없는 슬픔이라는 의미로, 프랑스의 시인 샤를 보들레르가 이 와인을 마시고 "슬픔이여 안녕"이라고 말하면서 대중적으로 유명해졌습니다.

이에 대한 감사의 의미일까요? 샤스 스플린에서는 와인 라벨 상단에 매년 다른 시인의 시 한 구절을 적습니다. 이로써 시음자는 와인을 즐기기 전, 시 한 구절의 의미를 곱씹어보며 잠시 생각에 잠길 수 있고, 이 시간 동안 와인은 산소와 만나 호흡하면서 향이 풀리고 맛이 더욱 좋아져 우리에게 최고의 순간을 선사합니다.

샤토 샤스 스플린은 프랑스 메독Medoc의 와인으로, 메독에서 가장 작은 지역인 물리스Moulis에서 생산합니다. 참고로 물리스 주변에는 마고Margaux, 생 줄리앙Saint-Julien, 포이약Pauillac, 생 테스테프Saint-Estephe 등의 유명 생산지가 있습니다. 물리스는 이런 곳들보다 비교적 덜 알려져 있지만, 좋은 품질을 바탕으로 합리적인 가격대가 형성되어 있어 우리가 좀 더 편안하게 다가갈 수 있는 생산지입니다.

프랑스 보르도 지역에서 생산되는 이 와인은 크뤼 부르주아Les Crus Bougeois급 와인입니다. 크뤼 부르주아는 1855년에 재정된 보르도 와인 등급 체계에는 들어가지 못했지만, 그에 못지않게 품질이 우수한 와인을 일컫습니다.

보르도 메독 지역의 와인 등급은 크게 2가지로 나눌 수 있습니다. 1855년 만국 박람회 당시 나폴레옹 3세가 프랑스 와인을 전 세계에 소개하고자 만든 그랑 크뤼 클라세Grands Crus Classés는 현재 1등급부터 5등급까지 총 61개의 와인으로 구성이 되어 있

샤토 샤스 스플린

습니다. 그리고 이 등급에는 들어가지 못했으나 그 정도로 품질이 우수한 와인에 매기는 것이 크뤼 부르주아 등급으로 현재 249개의 와인으로 구성되어 있습니다. 이 가운데 샤스 스플린은 크뤼 부르주아 등급에서도 가장 높은 크뤼 부르주아 엑셉시오넬Crus Bourgeois Exceptionnels에 속해 있죠.

유명 와인 평론가인 로버트 파커Robert M. Parker가 샤토 샤스 스플린이 보르도 3등급에 필적할 만큼 품질이 우수하다고 매년 언급할 정도입니다.

이 와인의 맛을 주관적으로 표현하자면, 쓴맛에서는 슬프면서도 치밀어 오르는 분노가 느껴지고, 신맛의 산미에서는 우울하고 허탈한 감정이 느껴집니다. 아마도 슬픔이여 안녕이라는 의미를 가진 이 와인은 우리에게 "슬픔을 그냥 훌훌 털어버려"라고 이야기하는 것이 아니라, 그 슬픔에 공감하며 우리 같이

크뤼 부르주아 등급
(출처 : 메독 크뤼 부르주아 연합)

"안녕이라고 말하자"라고 하는 듯합니다.

한 남자의 그늘에 가려 빛을 보지 못하고 정신 착란까지 일으키며 쓸쓸히 죽어간 카미유 클로델. 그녀에게 다 잊고 앞으로는 행복하라며 이 와인 한잔 건네주고 싶습니다.

ART & WINE

18

◇

찬사

: 모자를 벗고 무릎을 꿇게 만든 그림과 와인

◇

나폴레옹의 그림

다비드 <나폴레옹 1세의 대관식>

"내 사전에 불가능이란 말은 없다Impossible n'est pas français."

나폴레옹Napoléon의 이 명언을 들어봤을 겁니다. 1789년 시작된 프랑스 대혁명의 불씨는 점점 거대해져 왕정을 지키려는 주변 국가들에도 영향을 끼칩니다. 그 결과 유럽 전체에 큰 혼란이 야기되면서 크고 작은 전쟁들이 일어나죠. 이 혼돈 속에서 매번 프랑스를 승리로 이끈 영웅이 바로 나폴레옹으로 그는 결국 프랑스 황제 자리에 오릅니다. 그 모습을 당시 최고의 화가였던 자크 루이 다비드Jacques-Louis David가 그립니다.

화가 다비드는 대관식에 참여해 현장에서 직접 본 모습을 스

자크 루이 다비드, <나폴레옹 1세의 대관식>

케치하고, 자신의 공방에서 제자들과 함께 3년여의 긴 시간 동안 <나폴레옹 1세의 대관식>The Coronation of Napoleon을 그립니다. 다비드는 자신의 모든 노력을 쏟아 부어 이 작품을 완성했지요. 그런데 그가 실수한 것이 하나 있습니다.

가로가 약 10m에 달하는 작품, <가나의 혼인잔치>Marriage at Cana를 본 나폴레옹은 이것보다 더 큰 화폭에 자신의 이야기를 그려 넣고 싶어 했습니다. 그래서 다비드에게 세상에서 가장 큰 사이즈로 만들어달라고 부탁하지요. 하지만 캔버스 재단을 잘못했는지, <가나의 혼인잔치>보다 작은 작품이 됐고, 결과적으로 나폴레옹의 바람은 이루어지지 않았지요. 그럼에도 불구하고 나폴레옹은 이 그림을 너무나 좋아했다고 합니다. 그 이유를 한번 살펴볼까요?

원래 왕관은 신이 내려주는 권력이라는 의미로 교황이 황제에게 씌워주어야 합니다. 하지만 나폴레옹은 자신이 직접 쟁취한 권력임을 보여주기 위해 교황이 들고 있는 왕관을 뺏어 자신이 직접 썼다고 합니다. 다비드는 그 모습 그대로 스케치했지만, 나폴레옹에게 이 같은 이야기를 듣습니다.

"내가 왕관을 직접 썼지만, 정말로 그렇게 그림을 그리면 후대 사람들이 나를 얼마나 거만하게 보겠느냐. 그림을 수정하라!"

그래서 다비드는 나폴레옹이 직접 왕관을 쓰려 하는지 황후

자크 루이 다비드,
<나폴레옹 1세의 대관식>의 원래 스케치

조세핀에게 씌워주려 하는지 헷갈리게끔 수정해 나폴레옹의 입맛에 맞는 그림을 그립니다.

그리고 조세핀 황후가 입은 드레스의 색을 보면, 망토는 빨간색, 드레스는 하얀색, 옆의 쿠션은 파란색입니다. 이는 프랑스의 삼색기를 상징하는 것으로 프랑스 전체가 나폴레옹에게 무릎을 꿇었다는 것을 보여주죠.

이 외에도 나폴레옹을 돋보이게 만드는 그림 속 수많은 장치와 이야기에 나폴레옹은 흡족했고, 약 40분 넘게 아무 말 없이 그림을 감상했다고 합니다. 그 후 그는 다비드를 찾아가 쓰고 있던 모자를 벗고 감사의 뜻을 전했지요. 황제가 일개 화가에게 모자를 벗고 인사를 했다는 건 최고의 찬사를 보낸 것입니다.

<삼총사> 작가의 와인

몽라셰 와인

권력자가 모자를 벗고 감사의 뜻을 전한 것만큼이나 최고의 찬사를 받은 와인이 있습니다.

"이 와인은 모자를 벗고 무릎을 꿇고 가장 경건하게 마셔야
한다Il devrait être bu à genoux et tête découverte."

소설 <삼총사>의 작가 알렉상드르 뒤마Alexandre Dumas가 이렇
게 말한 와인, 바로 몽라셰 와인Montrachet Wine입니다. 프랑스 부르
고뉴 지역에서 생산하는 최고의 화이트 와인이지요.

부르고뉴Bourgogne에서 양질의 화이트 와인이 생산되는 곳은
코트 드 본Côte de Beaune 지역입니다. 그중 퓔리니 몽라셰Puligny-
Montrachet와 샤샤뉴 몽라셰Chassagne-Montrachet에서 가장 품질이 좋
은 화이트 와인이 생산되죠. 특히 이 두 마을에 걸쳐 형성된 총
5개의 그랑 크뤼급 와인은 몽라셰Montrachet, 슈발리에 몽라셰
Chevalier-Montrachet, 바타르 몽라셰Bâtard-Montrachet, 비엥브뉘 바타르
몽라셰Bienvenues-Bâtard-Montrachet, 크리오 바타르 몽라셰Criots-Bâtard-
Montrachet로 이름만으로도 전 세계 와인 마니아들의 가슴을 설레
게 만드는 와인들입니다.

전설에 따르면 이 몽라셰 포도밭에 성이 있었다고 합니다. 몽
라셰 성주의 첫째 아들이 십자군 전쟁에 기사로 참여했다가 전
사합니다. 기사를 프랑스어로 슈발리에Chevalier라고 하는데, 첫째
아들을 기리는 의미로 슈발리에 몽라셰라고 이름 붙인 와인을
만들었습니다. 그리고 첫째 아들이 전쟁에 참여한 동안 성주는
다른 여인을 만났고, 그 사이에서 둘째 아이인 사생아를 낳았는

도멘 데 콩트 라퐁의 몽라셰 와인

도멘 퐁텐 가냐르의 크리오 바타르 몽라셰 와인

데 프랑스어로 사생아는 바타르Bâtard입니다. 바타르 몽라셰 와인이 나온 배경이죠. 그런데 첫째 아들이 죽은 것을 안 둘째 아들이 이에 환호하며 '둘째 아들의 몽라셰에 오신 것을 환영합니다!'라는 의미인 "비엥브뉘 바타르 몽라셰!"를 외쳤다고 합니다. 이 모습에 분개한 아버지는 둘째에게 종종 소리를 치며 다그쳤다고 하죠. '서자에게 소리치다'라는 의미를 지닌 프랑스어 문장이 일 크리 오 바타르Il crie au Bâtard로, 여기서 유래해 현재 크리오 바타르 몽라셰가 나오게 되었다고 합니다. 참 재미있는 이야기죠?

이 가운데 몽라셰 포도밭에서 가장 품질이 좋은 와인이 생산됩니다. 샤도네이Chardonnay 품종에 적합한 석회암들로 토양이 구성되어 있고, 동향으로 경사진 포도밭에는 종일 따뜻한 햇볕이 내리쬐어 양질의 포도가 생산됩니다. 현재 약 8헥타르의 작은 포도밭은 18명의 생산자가 나눠 가졌으며, 와인은 연간 약 총 4만 5000병밖에 생산되지 않고 있습니다. 유명 생산자로는 도멘 드 라 로마네 콩티Domaine de la Romanée-Conti, 도멘 르플레브 Domaine Leflaive, 도멘 데 콩트 라퐁Domaine des Comtes Lafon 도멘 퐁텐 가냐르Domaine Fontaine-Gagnard 등이 있습니다. 몽라셰는 최고의 명성 덕에 수요는 많으나 공급량이 적어 희소성으로 인해 품귀 현상이 발생하고 있으며, 최소 약 100만 원부터 몇천만 원대까지 높은 가격대를 형성 중입니다.

지금도 세계 최고의 화이트 와인이다 보니 1976년 5월 24일 벌어진 파리의 심판(22쪽 참조) 사건에서도 프랑스를 대표하는 화이트 와인으로 바타르 몽라셰와 퓔리니 몽라셰 1등급 레 퓌셀 Puligny-Montrachet 1er Les Pucelles 와인이 출품되기도 했습니다. 몽라셰는 뛰어난 균형감과 견고함 속에 높은 품질의 미네랄리니티 Minerality를 갖고 탄생합니다. 시간이 지나 숙성되면서 복합성을 겸비한 최고의 와인으로 변하죠. 섬세한 꽃향, 달콤한 꿀과 더불어 풍부한 견과류 향이 매혹적으로 다가옵니다. 마시고 난 이후 입과 코에 남는 여운은 놀라울 정도로 깊이 있고 우아하며 세련된 맛으로 우리를 감동시키며 저절로 머리를 숙이게 만들죠.

이처럼 세계 위인인 나폴레옹과 알렉상드르 뒤마가 직접 모자를 벗고 예의를 갖출 정도로 찬사를 보냈던 그림과 와인은 현재 우리에게도 빛나는 순간을 선사하는 최고의 명작이라고 할 수 있습니다.

ART & WINE

◇

존경

: 조롱으로 오해받는 오마주

◇

프랑스 와인과 닮은 남아공 와인

고트 두 롬

　"어떤 작품을 오마주했다"라는 말을 들어본 적 있을 겁니다. 오마주Hommage의 사전적 의미는 존경과 감사인데, 미술 작품에서는 후대 화가가 위대한 선대 화가의 작품에 대한 존경심을 드러내고자 이를 일부 모방하거나 인용하는 경우를 말하지요. 화가들은 위대한 작품을 그대로 모사하면서 기법과 구도, 색감 등을 공부하고 어떤 생각을 담아 이 그림을 그렸는지 알아갑니다. 이런 과정을 통해 자신의 작품을 개선, 발전시키고 자신만의 작품 세계를 완성해나가지요. 하지만 때론 이런 존경심을 담은 행동이 원작자에게는 조롱처럼 느껴져 사건, 사고를 일으키기도 합니다.

프랑스 남부를 대표하는 와인 생산지는 론Rhône입니다. 유명 와인 평론가 로버트 파커Robert M. Parker Jr.가 좋아하는 생산지이기도 하죠. 시라Syrah, 그르나슈Grenache, 무르베드르Mourvédre 등의 품종을 사용해 맛에 무게감이 있고 진한 와인을 생산합니다.

론은 땅이 너무나도 척박합니다. 남부 지역은 성인 남자 주먹보다 훨씬 크고 굵은 자갈들이 주를 이루고, 북부 지역은 포도밭의 경사도가 60도나 되는 곳도 있습니다. 포도 생산이 쉽지 않은 곳이지요. 하지만 이 척박한 환경에서 자란 포도는 그 어느 포도보다 강한 생명력으로 밝은 빛을 내는 최고의 와인이 됩니다. 이에 남아공의 페어뷰Fairview 와이너리에서는 론 지역의 와인을 오마주해 고트 두 롬Goats do Roam이라는 와인을 만들고 있습니다.

론 지역의 와인 등급명인 코트 뒤 론Côte du Rhône과 이름도 흡사한데, 코트 뒤 론의 코트Côte는 언덕, 남아공의 고트 두 롬의 고트Goat는 염소라는 뜻입니다. 페어뷰 생산자는 와인뿐 아니라 염소 우유로 만든 치즈를 생산하며, 아프리카의 고아들을 돕는 선행도 이어가고 있습니다. 어느 날 페어뷰 소유주 찰스 백Charles Back의 아들이 실수로 염소 울타리를 열어놓았고, 염소 떼들이 포도밭을 돌아다니며(Roam) 가장 잘 익은 포도들만 먹어버렸다고 합니다. 이 모습에서 착안해 고트 두 롬이라 이름 지었고, 절묘하게 코트 뒤 론 와인을 오마주하면서 라벨에 염소 모습을 담았습니다.

　　단순히 이름만 비슷하게 지은 것이 아니라 와인을 만드는 포
도 품종 또한 시라와 그르나슈, 무르베드르 등을 섞어 비슷한 방
식으로 생산하고 있습니다. 그 결과 론 와인처럼 진하고 무게감
을 가지되 신선함도 느껴지며, 론보다는 조금 더 부드러운 질감
의 품질 높은 와인이 탄생했습니다.

　　고트 두 롬 외에도 페어뷰에서 생산하는 와인은 프랑스 와인
생산 지역 이름과 상당히 유사합니다. 고트 로티Goat-Roti는 론의

북부 최고 와인인 코트 로티Côte Rotie를 닮았고, 보어 도Bored Doe는 보르도Bordeaux, 고트 도어Goat Door는 부르고뉴의 코트 도르Côte d'Or 지역 이름을 닮았습니다. 그리고 고트 두 롬과 마찬가지로 프랑스 각 생산지와 똑같은 포도 품종을 사용해 와인을 생산합니다. 이런 재치 있는 작명과 높은 품질로 많은 사랑을 받고 있는 와인이 남아공의 페어뷰입니다.

하지만 프랑스의 원산지 생산자들은 이것을 탐탁지 않게 여겼습니다. 자신들이 힘겹게 일구어놓은 것들을 패러디해 이득을 취하는 데 분개했고, 조롱을 받았다고 생각한 것이죠. 결국 2003년 프랑스에서 페어뷰를 대상으로 이의를 제기하는 사건이 발생합니다.

여러분이라면 누구의 손을 들어주시겠습니까? 이것은 조롱 섞인 패러디일까요, 아니면 존경의 의미를 담은 오마주일까요? 결과는 남아공 페어뷰의 승리입니다. 미국의 저명한 와인 잡지 <와인 스펙터>는 처음에는 아무런 행동도 취하지 않다 미국 와인 시장에서 큰 성공을 거두자 문제를 제기한 프랑스를 조롱하며 크게 비판했습니다.

이런 이유 때문일까요? 페어뷰는 최근 고트 로티를 비롯한 보어 도와 고트 도어 와인 생산을 중지하고 고트 파더Goatfather라는 와인을 출시했습니다. 이탈리아 마피아 이야기를 다룬 영화 <대

부>The Godfather를 패러디한 것이죠. 자신들의 염소 패밀리들을 위협하는 무리들로부터 보호하기 위해 대부의 주인공 돈 콜리오네의 오마주 캐릭터 돈 고티Don Gotti까지 와인 라벨에 등장시킵니다. 고트 파더 와인은 이탈리아의 오마주로 만든 와인답게 이탈리아 품종인 산지오베제 품종을 중심으로 블렌딩해 만들며, 풍부한 과실 맛과 바닐라 풍미를 느낄 수 있습니다.

이처럼 원래는 감사와 존경을 담았던 행동이 때론 패러디로 치부되며 사건, 사고를 일으키기도 합니다.

논란의 모나리자 오마주
뒤샹 <L.H.O.O.Q.>

아마도 세상에서 가장 유명한 그림은 <모나리자>일 것입니다. 세상을 앞서간 천재 레오나르도 다빈치의 관찰력과 화가로서의 실력 모두를 엿볼 수 있는 명작이지요. 후대 화가들은 이 그림을 모사하고 오마주하며 자신의 작품 세계를 넓혀가기도 하고 조롱처럼 그림을 패러디하기도 합니다.

현대 미술에서는 마르셀 뒤샹Marcel Duchamp을 천재 화가로 꼽을 수 있습니다. 그는 전시장에 소변기 하나를 놓은 뒤 무트R.Mutt라는 가명으로 서명하고 <샘>Fountain이라는 작품명으로 전시를 합니다. 화가의 붓 터치가 들어가지도, 조각가의 끌의 흔적도 없는, 공장에서 찍어낸 이 기성품을 과연 예술이라 할 수 있을까요? 뒤샹은 이런 고정관념을 반박합니다.

"소변기가 부도덕하지 않듯이 무트의 <샘> 작품 역시 부도덕하지 않다. 무트가 이 소변기를 만들었는지는 중요하지 않다. 그것을 선택한 것이 중요하다."

평범한 사물도 실용성, 목적성을 버리고 새로운 시각과 목적에 따라 창조물이 될 수 있다고 반박합니다. 이것은 레디메이드Ready-Made라는 미술 개념으로, 개념 미술Conceptual Art의 시작을 알리는 중요한 사건입니다. 이게 무슨 말장난이냐며 우습게 생각할 수 있지만, 고정된 생각과 시각의 틀을 깰 수 있는 새로운 철학적 접근이기도 합니다. 그리고 이후 그는 <모나리자>가 그려진 엽서에 수염을 그리고 그 밑에 L.H.O.O.Q라는 스펠링을 적습니다.

각 스펠링을 프랑스어로 발음하면 엘.아슈.오..오.퀴가 되는데, 이는 엘라쇼오퀼Elle a chaud au cul이라는 문장과 비슷한 발음으로 '그녀는 뜨거운 엉덩이를 가졌다'라는 뜻입니다. 즉, <모나리자>의 세계적인 유명세를 비꼰 것으로, 과거 전통 사회에서 만

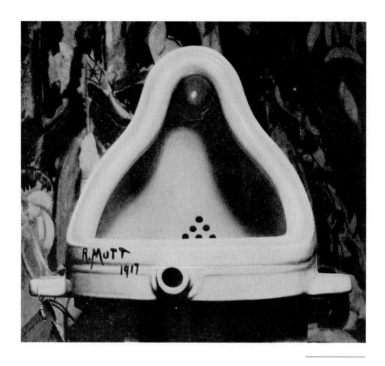

들어진 정형화된 예술 취향과 이런 예술을 무분별하게 받아들이는 관람자들의 수용 태도를 비판한 것입니다. 또한 수염을 그려 넣음으로써 모나리자의 남성성을 발견했을 뿐이라고 한 그의 말은 마치 동성연애자였던 다빈치가 자신의 여성성을 표현한 자화상이 <모나리자>라고 했다는 이야기에 답하고 있는 것 같습니

L H O O Q

TABLEAU DADA PAR MARCEL DUCHAMP

Moustache par Picabia
Barbiche par Marcel Duchamp
Avril 1942

다. 바로 <모나리자> 속에 숨겨진 젠더의 모호성을 들어내는 것이라고 볼 수 있죠. 뒤샹은 <모나리자>를 간단히 패러디함으로써 시대의 생각과 행동을 비판했던 것입니다. 하지만 재미있게도 이후 그는 자신이 여성 분장을 하고 에로즈 셀라비^{Rrose Sélavy}라는 이름으로 활동하며 작품을 선보입니다. 1920년대 미국에서 신여성이라는 새로운 계급이 형성되면서 남성이 가진 기득권에 도전하던 시기입니다. 그의 행동은 성 정체성에 대한 관심이 증가하던 시대의 흐름을 따라간 것이죠. 그가 여성 분장을 한 것으로 비추어보아, 콧수염을 그려 넣은 <L.H.O.O.Q.>를 단순히 패러디로 보기보단 성 정체성에 힘들어했던 레오나르도 다빈치를 드러내는 오마주가 아니었을까 하는 생각이 듭니다. 이런 오마주를 하늘에서 보고 있을 다빈치는 어떤 생각을 할지 참으로 궁금해집니다.

이처럼 어떤 대단한 작품을 마주하면, 그 벽을 넘고 싶지만 그러지 못할 때 혹은 그 사람을 알기 위해 오마주를 합니다. 때론 패러디를 넘어서려고 하지요. 방법과 목적의 차이는 있지만 자신의 한계를 뛰어넘으려는 시도라는 점은 같습니다. 나를 알고 적을 알면 백전백승이라는 말처럼, 페어뷰 와인 생산자 찰스 백과 뒤샹의 도전 정신에 절로 박수를 보내게 됩니다.

◇

위로

: 처칠의 그림과 그가 사랑한 샴페인

◇

풍경을 그린 화가
처칠 <차트웰의 금붕어 연못>

수많은 유명 정치가 중 와인과 예술을 이야기할 때 빼놓을 수 없는 인물이 영국의 42대 총리 윈스턴 처칠Winston Churchill입니다.

1939년 9월 1일 아돌프 히틀러의 나치 독일군이 폴란드 서쪽 국경을 침공하면서 인류 역사상 가장 많은 피해를 남긴 제2차 세계 대전이 시작됩니다. 이후 벨기에, 네덜란드 등 서유럽 국가들이 나치의 손에 하나씩 넘어가고, 프랑스도 무너질 위기에 처하면서 나치 독일군이 영국도 공격한다는 소식이 들려오지요. 이러한 위기 속에 영국은 윈스턴 처칠을 새로운 총리로 위임하고, 그의 강력한 리더십은 전쟁을 승리로 이끕니다.

윈스턴 처칠
(출처 : Wikimedia Commons)

처칠은 170cm가 되지 않는 작은 키였지만 풍채는 좋았습니다. 성격은 고집스럽고 때론 분노를 조절하지 못해 불같이 화를 내는 다혈질이었죠. 그래서 사람들은 그와 가까이 지내는 것을 꺼려했다고 합니다. 사진 속 그의 표정과 눈빛만 보아도 어떤 성격일지 가늠이 되나요? 그는 사관학교에 입학하고, 보어 전쟁, 제1차 세계 대전, 제2차 세계 대전 등 수많은 전쟁을 치릅니다. 이렇듯 그의 삶은 늘 전쟁이었기에 성격이 날카로워질 수밖에 없지 않았을까 하는 생각이 듭니다. 처칠은 자신의 심신을 위로하고 달래줄 수 있는 무언가를 찾게 됩니다. 바로 그림이었지요. 그는 제1차 세계 대전 때 작전 실패로 장관직을 사퇴하고 우울

증을 극복하기 위해 시골에서 수채화를 그렸다고 합니다.

그런데 참 재미있게도 숙적이었던 히틀러도 화가를 꿈꿨습니다. <노이슈반슈타인성>Neuschwanstein castle을 포함한 14개의 히틀러 작품이 2015년 경매에서 39만 1000유로(약 5억 5000만 원)에 거래됐습니다. 하지만 전쟁의 결과처럼 히틀러는 그림 경매에서도 처칠을 이길 수 없었지요. 처칠의 <양이 있는 차트웰의 풍경>Chartwell Landscape with Sheep은 소더비 경매에서 100만 파운드(약 15억 원)에 팔렸으며, 2014년에는 <차트웰의 금붕어 연못>The Goldfish Pool at Chartwell이 176만 파운드(약 30억 원)에 팔리기도 했으니까요. 그의 명성이 가격에 영향을 미치기도 했지만, 그의 작품성이 뛰어나다는 것을 반증하는 결과이기도 합니다. 파블로 피카소Pablo Picasso가 처칠이 다른 일은 하지 않고 그림만 그렸어도 꽤 넉넉하게 살았을 것이라고 이야기했을 정도니까요.

불같은 성격과는 달리 처칠의 그림은 참으로 서정적이고 차분합니다. 그는 생을 마감할 때까지 500점이 넘는 작품을 남기는데, 흥미로운 점은 모든 그림이 풍경화라는 것입니다.

어떤 사람이 처칠에게 왜 인물화는 그리지 않고 풍경화만 그리느냐고 물어보니 이렇게 대답했다고 합니다.

"나무는 내 그림을 보고, 나는 이렇게 생기지 않았다고 말하지 않기 때문이다."

<동틀 녘의 카시스>Daybreak at Cassis(위), <미미장 해변>Mimizan Plage, Landes(아래)

주로 풍경화만 그린 윈스턴 처칠

<피라미드 원경>Distant View of the Pyramids(위), <미미장 풍경>View at Mimizan(아래)
내용에서 소개한 <차트웰의 금붕어 연못>과 <양이 있는 차트웰의 풍경>은
저작권 문제로 책에 싣지 못했습니다. 인터넷 검색을 통해 해당 작품을 찾아볼 수 있습니다.

그의 성격답게 직설적인 대답입니다. 처칠은 세상을 이끌어 가야 하는 리더로서 자신의 한마디와 선택이 전쟁터의 수천, 수만의 생사가 결정된다는 것을 잘 알고 있었습니다. 중대한 결정을 해야 하는 위치에 있었기에 그는 주변의 수많은 질타와 견제 속에서 고민과 걱정이 끊이지 않는 힘든 시간을 보냈을 것입니다. 그렇기에 그림을 그릴 때만큼은 오직 자신만을 위한 시간으로 만들기 위해 아무 말 없이 오직 자신의 편이 되어주는 나무와 바다, 푸른 하늘에 걸린 구름과 같은 자연만을 그린 것이 아닐까요?

그는 뛰어난 정치가이자 성실한 화가였고, 후에는 <제2차 세계 대전>이라는 작품으로 노벨 문학상도 받은 다재다능한 사람이었습니다. 또한 그는 시가Cigar 사랑이 유난했던 인물로 하루에 10대 이상의 시가를 피웠으며, 스카치위스키Scotch Whisky도 무척 좋아했습니다. 그리고 그가 정말 사랑했던 것은 바로 샴페인Champagne입니다.

처칠이 사랑한 와인

폴 로저 샴페인

샴페인은 프랑스 동북쪽 샹파뉴 지역에서 생산하는 발포성 와인Sparkling Wine입니다. 처칠이 얼마나 샴페인을 사랑했는지는 그가 남긴 말을 통해 알 수 있습니다.

폴 로저 샴페인

"아무리 위기와 재난이 계속된다 해도 나에게는 언제나 샴페인 한잔 마실 잠깐의 여유가 있다."

또한 그는 프랑스를 탈환하기 위해 전진하는 영국 군인에게 이런 말도 했다고 합니다.

"제군들, 우리가 싸우는 목적은 프랑스뿐만 아니라 샴페인 때문이라는 것도 상기하라."

처칠의 샴페인 사랑이 느껴지나요? 그가 특히 사랑했던 샴페인은 폴 로저입니다.

폴 로저Pol Roger는 1849년 1월 열여덟 살에 처음으로 와인을 판매하기 시작한 샴페인 생산자이자 에페르네Epernay 마을에 설립된 와이너리 이름입니다. 연간 약 150만 병을 생산하는 중간 규모의 샴페인 하우스죠. 현재 거대 자본으로 운영하는 샴페인 하우스가 많지만, 이곳은 가족 승계만으로 6대째 가문의 전통을 이어가는 PFV에 가입한 와이너리입니다. PFV는 라틴어 프리뭄 파밀리에 비니Primum Familiae Vini의 줄임말로 가족 경영으로만 운영하는 와이너리 협회입니다. 아무나 들어갈 수 있는 것이 아니라 세계 최고 품질의 와인을 생산하고 세계적인 명성을 지녀야만 가입할 수 있는 곳으로, 협회원이 전 세계에서 단 12개의 와이너리뿐입니다. 그중 하나가 폴 로저인데 작지만 위대한 샴페인을 생산하지요.

CHAMPAGNE
Pol Roger
SIR WINSTON CHURCHILL
2009
BRUT
PRODUIT DE FRANCE

폴 로저 윈스턴 처칠

"가치는 시간을 기다리지 않는다La valeur n'attend pas le nombre des années."

폴 로저의 좌우명입니다. 이는 '좋은 와인은 테루아와 생산자의 실력으로 이미 정해진다'라는 의미로, 완벽한 샴페인은 처음부터 정해져 있다는 뜻입니다. 이 한 문장에서 그들의 자부심이 얼마나 대단한지 느낄 수 있습니다. 이러한 확고한 철학과 자신감이 윈스턴 처칠의 마음을 사로잡았던 것 아닐까요?

처칠은 자신의 경주마 이름을 폴 로저라고 지었을 만큼 이 와인을 사랑했습니다. 반대로 처칠이 사망했을 때 폴 로저는 그의 죽음을 애도하고자 와인 라벨에 검은 테를 둘러 조의를 표했으며, 1975년부터는 처칠의 이름을 딴 폴 로저, 퀴베 서 윈스턴 처칠Pol Roger, Cuvee Sir Winston Churchill 샴페인을 만들기 시작했습니다. 폴 로저 샴페인 중 가장 높은 등급으로 약 10년의 숙성 기간을 거쳐 시장에 나오는 귀한 와인이죠. 그런데 흥미롭게도 이 와인을 만드는 양조법과 블렌딩 비율은 전혀 알려진 바가 없습니다. 다만 윈스턴 처칠의 굴하지 않는 꿋꿋한 정신과 성격을 반영했다는 정도만 알려졌고, 극히 일부만 아는 비밀로 전해지고 있죠.

이 와인은 긴 숙성 기간 덕분에 짙고 강렬한 풍미가 생동감 있게 펼쳐지는 것이 일품입니다. 그리고 부드럽고 섬세한 기포가 톡톡 튀면서 입 안을 즐겁게 해줍니다. 또한 산도와 당도의 밸런스가 좋아 잘 만든 건축물처럼 구조적이며, 처칠의 모습처럼 강해 보이지만 그의 그림같이 서정적이고 부드럽기도 합니다. 폴 로저를 마시다 보면 문득 생각나는 문구가 있습니다.

"매너가 사람을 만든다Manners maketh man."

폴 로저 와인 병에는 영국 왕실 인증서Royal Warrant 공식 마크가 있습니다. 그 이유는 처칠 이후로도 많은 영국인에게 사랑받았으며, 2004년 1월부터 엘리자베스 2세 여왕의 공식 샴페인으로 지정되었기 때문입니다.

20세기를 대표하는 정치가 윈스턴 처칠. 그의 불도저처럼 강인하고 불같은 성격 뒤로, 심적으로 정신적으로 그를 매만져주었던 것이 바로 그의 그림과 이 샴페인 한잔이지 않았을까 생각해봅니다. 오늘은 그가 사랑했던 이 샴페인 한잔 어떨까요?

◇

꿈

: 별을 담은 그림과 와인

◇

자신의 꿈을 그린 화가
고흐 <별이 빛나는 밤>

절대로 잡을 수 없어 그저 바라보아야만 하는 밤하늘의 빛나는 별은 많은 예술가에게 깊은 영감을 주었습니다. 윤동주 시인도 자신이 사랑하고 그리워한 것을 별에 비유했죠.

"…별 하나에 추억과 / 별 하나에 사랑과 / 별 하나에 쓸쓸함과 / 별 하나에 동경과 / 별 하나에 시와 / 별 하나에 어머니, 어머니…"

19세기를 대표하는 화가 빈센트 반 고흐Vincent Van Gogh도 밤하늘의 별을 그려 걸작을 완성합니다. 폴 고갱Paul Gauguin과 다투고 자신의 귀를 도려낸 그는 스스로 정신병원으로 들어가 그곳에서 자신이 예전에 그린 그림들과 동일한 주제로 현재 감정을 담아 그림을 그렸죠. 그중 하나가 우리가 알고 있는 <별이 빛나는 밤>The Starry Night 입니다.

<아를의 별이 빛나는 밤>Starry Night 을 그리기 전, 고흐는 힘든 시간을 보냈습니다. 심적으로나 경제적으로 자신을 지원해주던 동생 테오의 일이 잘 풀리지 않아 동생으로부터 돈을 받지 못했기 때문입니다. 하루하루 힘겨운 시간을 보내던 고흐에게 어느 날 테오의 부인, 요한나가 보낸 편지 한 통이 도착합니다.

"저희들의 삶도 힘겹지만 아주버님을 믿고 있습니다. 소정의 돈을 함께 보내드리니 열심히 그림을 그려주세요."

이 편지를 받은 고흐는 어떤 마음이었을까요? 동생이 아닌 제수에게 인정받은 것이 너무 기쁜 고흐는 밖으로 뛰쳐나가 론 강변에 환히 빛나고 있는 밤하늘의 모습을 화폭에 담아냅니다. 찬란히 빛나는 별들과 도시를 밝히는 어스름한 불빛들이 화면을 꽉 채우고 있죠. 그가 느낀 기쁨이 우리에게 고스란히 전해지는 듯합니다. 그런데 기쁨과 행복으로 가득 찬 <아를의 별이 빛나는 밤>과 그가 정신 병원에서 그린 작품은 보자마자 사뭇 다르다는 것이 느껴집니다. 차분히 빛나던 별빛들은 회오리를 치며 빙글빙글 돌아가고 있습니다. 어떤 이들은 주체할 수 없이 휘몰아치던 그의 감정을 표현했다고 말하고, 혹자는 그가 앓고 있던 병으로 인해 이렇게 그렸다고 말합니다. 고흐는 메니에르병

빈센트 반 고흐,
<아를의 별이 빛나는 밤>(위), <별이 빛나는 밤>(아래)

Meniere's disease을 앓았는데, 귀에 발생하는 질환으로 귀 울림, 귀가 꽉 찬 느낌, 회전감 있는 현기증 현상이 있는 병입니다. 그래서 이 병이 생기면 눈앞의 풍경이 빙글빙글 돌아가는 것처럼 보이는 것으로 알려져 있습니다. 이런 그의 상태와 들쑥날쑥한 감정 때문인지 그림에서도 불안감이 느껴지기도 합니다. 하지만 고흐는 이렇게 말했죠.

"나의 그림을 보고 세상 사람들이 나를 미쳤다고 하는데, 내가 보기엔 내 그림을 보고 있는 세상 사람들이 미쳐 있는 것 같다."

이 말을 통해 되레 타인의 단점만 보려는 그릇된 시선과 사고를 반성하게 됩니다.

"지도에서 도시나 마을을 가리키는 검은 점을 보면 꿈을 꾸게 되는 것처럼, 별이 반짝이는 밤하늘은 늘 나를 꿈꾸게 한다. 그럴 때 묻곤 하지. 프랑스 지도 위에 표시된 검은 점에 갈 수 있듯 왜 창공에서 반짝이는 저 별에게는 갈 수 없는 것일까? 타라스콩이나 루앙에 가려면 기차를 타야 하는 것처럼, 별까지 가기 위해서는 죽음을 맞이해야 한다. 죽으면 기차를 탈 수 없듯, 살아 있는 동안에는 별에 갈 수 없다. 증기선이나 합승 마차, 철도 등이 지상의 운송 수단이라면 콜레라, 결석, 결핵, 암 등은 천상의 운송 수단인지도 모른다. 늙어서 평화롭게 죽는다는 건 별까지 걸어간다는 것이다."

그의 말을 곱씹으며 그림을 다시 보면, 앞으로 닥칠 자신의 죽음을 알고 마지막을 준비하는 듯 밤하늘의 별에 자신의 감정을 투영해 그려낸 듯합니다. 고흐에게 별은 살아가면서 꿈을 꾸게 만드는 삶의 희망이자 죽음 뒤에 도착하게 되는 삶의 종착지였던 건 아닐까요?

이처럼 밤하늘에 아득히 떠 있는 별은 밝게 빛나며 우리에게 작은 희망과 꿈을 가지게 해주지만, 때론 사랑과 그리움으로 우리의 감정을 뒤흔들기도 합니다.

반짝이는 별이 느껴지는 샴페인
돔 페리뇽 샴페인

"형제들이여, 이리 와 보시오. 나는 지금 별을 마시고 있소."

17세기 프랑스의 한 수도사가 와인을 마시고 한 말입니다. 그 수도사는 바로 샴페인을 얘기할 때 빼놓을 없는 피에르 페리뇽

Pierre Perignon입니다.

　와인은 수도원에서 수도사들이 생산했습니다. 샹파뉴 지역 오빌레 수도원L'abbay Saint-Pierre d'Hautvillers의 와인 담당자였던 피에르 페리뇽 수도사는 여느 날과 같이 와인 창고를 지나다 와인 병이 뻥 터지는 소리를 듣게 됩니다. 화들짝 놀라 와인 저장고로 뛰어 들어간 그는 계속 깨져버리는 병들을 바라보며 깊은 생각에 빠집니다. 그러다 깨진 병에 남아 있던 와인을 한 모금 마셔 보고 깜짝 놀라 별을 마시고 있다고 말하죠. 와인 속에 녹아든 기포를 별로 표현했다는 것이 참으로 아름답지 않나요? 이렇게 그에 의해 샴페인이 발견되었다고 알려져 있습니다.

　하지만 이 멋진 이야기는 아쉽게도 허구에 가깝습니다. 왜냐하면 특정인이 샴페인을 발견한 것이 아니라 세월이 지나며 자연스럽게 만들어진 것이기 때문이죠. 그런데 사람들은 왜 페리뇽 수도사가 샴페인을 만들었다고 알고 있을까요? 1821년 오빌레 수도원의 그로사르Grossard 수도사가 샴페인의 발명가로 그를 추대했고, 그의 업적을 과대 포장시켰습니다. 그리고 시간이 지나면서 다른 이야기들이 덧붙여졌고, 결국 그는 신적인 존재로까지 미화되었지요. 샴페인 생산자들이 이 이야기를 홍보 수단으로 적극 활용했기 때문입니다. 그리고 발포성 와인이 처음 생산된 곳은 샹파뉴 지역이 아닙니다. 1531년 프랑스 남부 지역 리무Limoux의 생 힐레르 수도원L'abbaye de Saint-Hilaire의 수도사들이 먼저 기포가 있는 와인을 만들었다는 기록이 있습니다.

다만 페리뇽 수도사가 샴페인 발전에 크게 기여했다는 것은 사실이기에 현재 샴페인의 아버지로 불립니다. 이에 샴페인을 대표하는 회사, 모엣&샹동Moët et Chandon에서는 1921년부터 그의 업적을 기리는 의미로 그의 이름을 딴 돔 페리뇽Dom Pérignon 샴페인을 생산하고 있습니다. 돔 페리뇽은 빈티지가 좋지 않은 해에는 출시하지 않을 정도로 품질 관리에 신경을 쓰며 만드는 최고급 샴페인 중 하나입니다.

와인은 숙성되는 시간에 따라 크게 3가지(돔 페리뇽, P2, P3)로 나뉩니다. P는 플레니튜드Plénitude의 줄임말로 풍만함과 충만함, 절정을 뜻하는 단어입니다. 돔 페리뇽은 8년, P2은 15년, P3는 25~40년의 숙성 시간을 거친 후 세상의 빛을 보게 됩니다. 숙성 기간이 길어질수록 와인에서 느껴지는 복합적인 향과 섬세한 맛의 풍미가 훨씬 좋아지죠. 수십 년의 긴 잠을 자고 깨어나 피어나는 향과 맛은 어떨지 상상이 되나요?

이렇듯 돔 페리뇽은 멋진 이야기와 더불어 긴 시간을 품고, 끊임없이 피어오르는 와인 잔 속의 기포와 함께 많은 사람에게 사랑을 받았습니다. 오드리 헵번Audrey Hepburn, 그레이스 켈리Grace Kelly, 앤디 워홀Andy Warhol, 존 F. 케네디John F.Kennedy 등 유명 인사가

1998년 돔 페리뇽

돔 페리뇽 P2(가운데)와 빈티지별 돔 페리뇽

사랑했고, 영국의 다이애나 왕세자비의 웨딩 샴페인으로도 사용되었습니다. 그리고 수많은 예술가와 협업 작업을 통해 마케팅을 했죠. 대표적으로 현대 미술의 거장 중 한 명인 제프 쿤스 Jeff Koons와 협업한 돔 페리뇽은 우리나라 갤러리아 백화점에서 2400만 원대에 판매되며 큰 화제를 모았습니다. 최근에는 레이디 가가Lady Gaga와 협업한 한정판이 출시돼 세간의 이목을 끌었죠. 성공적인 마케팅과 더불어 샴페인계의 큰 별이 된 와인이 바로 돔 페리뇽입니다.

이렇듯 별을 좇았던 고흐와 돔 페리뇽은 현재 가장 빛나는 별로 우리 곁에 남았습니다. "별을 바라보고 방향을 정해라. 그러면 폭풍 속에서도 항해를 계속해나갈 수 있을 것이다"라는 레오나르도 다빈치의 말처럼, 가끔 힘에 부치고 사람들로 인해 마음에 상처를 입어 어둠 속으로 숨어버리고 싶을 때가 있더라도, 어둠 속에서 흔들리지 않고 밝은 빛을 내는 별처럼 인생의 항해를 계속해나간다면 우리도 언젠가 나만의 빛나는 별을 만날 수 있지 않을까요.

22

◇

인내

: 기다림으로 만든 작품과 와인

◇

참고 견디며 그린 화가

렘브란트 <니콜라스 튈프 박사의 해부학 강의>

"시간이 약이다"라는 옛말이 있습니다. 고난의 순간들도 시간이 지나면 괜찮아진다는 의미이지요. 참고 기다리는 마음, 인내심을 알려주는 선조들의 지혜가 담긴 말입니다.

세상에서 가장 슬프지만 강한 인내심으로 위대한 화가의 반열에 오른 인물이 있습니다. 자신의 모습을 무서우리만큼 솔직하게 표현한, 17세기 바로크를 대표하는 화가 렘브란트 판 레인 Rembrandt van Rijn입니다. 그는 어렸을 때부터 그림 그리는 데 재능을 보였습니다. 이후 한 화상의 제안으로 암스테르담에 정착하게 되죠. 그리고 그의 인생을 바꾸어놓은 작품 <니콜라스 튈프 박사의 해부학 강의>The Anatomy Lesson of Dr. Nicolaes Tulp를 그립니다.

그 당시 집단 초상화의 인물은 대부분 딱딱하고 경직된 분위기에 표정 없이 정면만 응시하는 모습이었습니다. 하지만 렘브란트의 그림 속 인물들은 표정이 살아 있고, 움직임이 느껴질 정도로 표현이 생생했죠. 그는 이 그림으로 큰 성공을 거두며 화가 인생에 탄탄대로가 펼쳐집니다. 그리고 운명처럼 부유한 집안의 여인, 사스키아와 결혼해 부와 명성 모두 손에 쥐고 거침없이 작품 활동을 해나가기 시작하죠.

그러나 자신감이 너무 과했던 것일까요. 그는 자신만의 화풍을 만들고, 그림을 주문하는 의뢰자들의 의견은 무시한 채 자신의 의지대로만 그림을 그렸습니다. 그러다 현재 <야경꾼>The Night Watch이라고 알려진 작품 <프란스 반닝 코크와 빌럼 판 라위텐뷔르흐의 민병대>를 계기로 가파른 내리막길 인생이 시작됩니다. 이 군상 초상화에 등장한 몇몇이 불만을 토로하면서 그의 명성이 추락하게 된 것입니다.

작품 의뢰는 들어오지 않고, 아내 사스키아와의 사이에서 두 아이가 태어났지만 둘 다 일찍 죽음을 맞이합니다. 시간이 지날수록 렘브란트의 재정 상황은 더욱 악화되었습니다. 사스키아의 가족들은 그가 재산을 탕진한다고 비난했고, 아내 사스키아마저 아들 티투스를 출산한 후 몸이 약해져 결국 죽음을 맞이하죠. 이후 힘겹게 살던 그에게 새로운 사랑, 헨드리키에 스토펠스

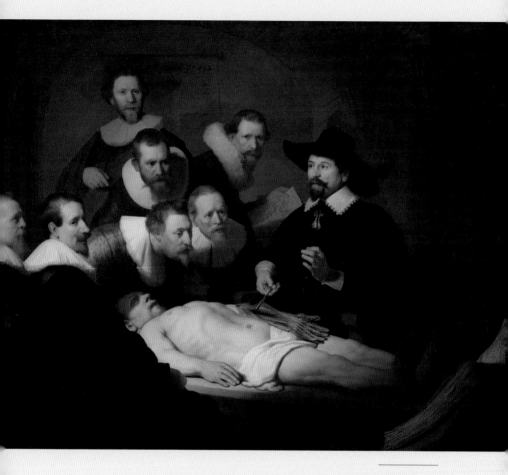

렘브란트 판 레인, <니콜라스 튈프 박사의 해부학 강의>

렘브란트 판 레인, <야경꾼>

가 찾아왔지만 상황은 나아지지 않았습니다. 교회에서 이 둘을
간통죄로 고발해 그의 명성은 바닥으로 떨어졌고, 결국 파산에
이르게 되죠.

시간이 흘러 그가 사랑했던 헨드리키와 아들 티투스마저 그

보다 먼저 생을 마감합니다. 하지만 그는 붓을 놓지 않고 계속 그림을 그렸습니다. 그러다 한때는 화가로서 최고의 성공가도를 달리다 사랑했던 두 여인과 자식 모두 먼저 떠나보내고 파산까지 하며 벼랑 끝으로 몰렸을 때의 자기 모습을 그립니다. 자신의 처지가 어처구니없고 웃겼는지, 아니면 더 이상 버틸 수 없어 죽어버리고 싶었는지, 자기 자신을 조롱하듯 반쯤 미쳐버린 모습으로 표현했죠.

그가 죽기 전에 마지막으로 그린 작품이 <돌아온 탕자>The Return of the Prodigal Son입니다. 성경 누가복음 15장에 나오는 이야기를 바탕으로 그린 그림입니다. 둘째 아들이 아버지의 재산 중 한 몫을 챙겨 집을 나갔다가 결국 돈을 탕진하고 아버지에게 다시 돌아온다는 내용입니다. 여러분이 아버지의 입장이라면 어떻게 하실 것 같나요? 아들은 당연히 내쫓길 것이라 생각했지만 아버지는 아무 말 없이 아들을 따스하게 안아줍니다. 그림 속 탕자의 모습을 보면 누더기 옷에 신발은 다 헤졌고 발가락도 모두 퉁퉁 부었습니다. 피부는 검게 그을리고 몸은 삐쩍 말랐습니다. 그런 아들이 자신 때문에 몰라보게 기력이 쇠약해진 아버지를 보고, 뵙기에 너무나 죄스러운 감정을 느낍니다. 세상 그 어떤 매서운 꾸지람보다 큰 질책을 받은 기분이 들지요. 아들은 진심으로 용서를 구하고, 아버지는 사랑으로 모든 것을 용서합니다. 렘브란

렘브란트 판 레인,
<자화상>(위), <돌아온 탕자>(아래)

트는 이 탕자의 모습에 자신의 모습을 투영시켜 그림을 그렸습니다.

렘브란트는 이른 나이에 맛본 큰 성공에 취해 우쭐거리고 오만하게 굴어 하락세를 탔고, 항상 재기를 노렸지만 두 번의 기회는 찾아오지 않았습니다. 그리고 두 여인과 자식들을 모두 먼저 떠나보내고 그도 결국 죽음과 마주하죠. 이때 그는 하느님에게 자신의 어리석음을 고백하고 용서를 간청하는 자신의 모습을 돌아온 탕자에 투영시켜 그렸습니다. 너무나 슬프고 처절한 인생을 살았지만, 참고 기다리고 인내하면서 자신의 감정을 진솔하게 표현한 그의 작품들은 시대를 뛰어넘어 많은 사람에게 울림을 주는 최고의 명작으로 우리 곁에 남았지요.

긴 시간을 견디는 와인
뱅존

인내의 시간을 보내며 그림을 그린 렘브란트의 모습과 닮은 와인이 있습니다. 프랑스 동쪽 쥐라Jura 지역에서 생산하는 화이트 와인 뱅존Vin Jaune입니다. 뱅Vin은 와인, 존Jaune은 노란색이라는 뜻으로, 직역하면 노란색 와인입니다. 실제로 이 와인은 짙고 깊은 노란빛을 머금고 있는데, 렘브란트의 캔버스에서 느껴지는 고고한 노란빛 색감과 많이 닮았습니다. 사바냥 Savagnin이라는 흔치 않은 포도 품종을 사용해 특별한 양조 방법으로 만드는 고귀한 와인입니다.

일반적으로 화이트 와인은 포도를 재배해서 압착 및 발효 과정을 거칩니다. 그다음 오크통으로 옮긴 뒤 일정 기간 숙성시켜 병입해서 판매하죠. 하지만 뱅존은 특이한 방법으로 오크통 숙

6년 3개월의 시간을 품은 노란색 와인, 뱅존

성을 진행합니다. 오크통은 새것을 쓰지 않고 부르고뉴Bourgogne 지역에서 사용하던 228L 크기를 사용합니다.

와인은 오크통 안에서 숙성되는 동안 조금씩 증발합니다. 이렇게 증발하는 와인을 생산자들은 천사들의 몫Angel's Share이라고 이야기하죠. 표현이 참 아름답죠? 그리고 증발한 와인의 양만큼 주기적으로 와인을 다시 채워 넣는 우이야주Ouillage 과정을 거칩니다. 또한 와인 안에 생기는 찌꺼기들을 제거하기 위해 깨끗한 오크통으로 옮겨 담는 수티라주Soutirage라는 과정을 거치는 것이 일반적이죠. 하지만 뱅존은 숙성되는 동안 이러한 과정을 거치지 않고 그냥 놓아둡니다. 그 결과 오크통 속 와인 표면에 효모로 인한 막이 얇게 형성되고, 이 막의 보호 덕분에 와인과 산소의 마찰이 줄어들게 됩니다. 그래서 산화되지 않고 천천히 숙성돼 효모가 자가 분해를 하면서 독특한 향과 맛을 지니게 되죠.

이 기법을 장막이라는 뜻의 프랑스어 브왈Voile을 사용해 뱅드 브왈Vin de Voile이라고 합니다. 그런데 이때 와인을 보충하는 우이야주와 오크통에 옮겨 담는 수티라주 과정을 진행하면 얇은 막이 없어지기 때문에 하지 않는 것이죠. 이렇게 최소 6년 3개월이라는 시간을 기다리면 와인이 완성됩니다.

이런 특별한 방법으로 완성한 뱅존은 호두, 땅콩, 구운 아몬드 등의 고소한 견과류 향과 계피 등의 향신료 향이 느껴집니다.

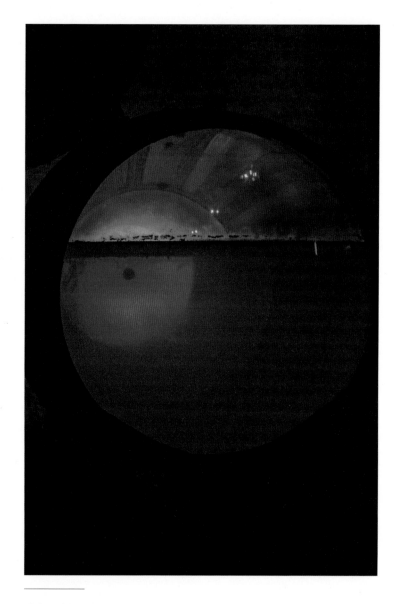

와인 표면에 생긴 효모 막과 오크통 바닥에 가라앉은 효모 찌꺼기들

쥐라 지역 특산품인 콩테Comté 치즈와 크림소스를 곁들인 닭, 오리로 만든 가금류 요리 등과 잘 어울립니다. 특히 뱅존을 이용해 만든 크림소스는 별미 중 하나로, 프랑스의 유명 미식가 퀴르농스키Curnonsky는 프랑스 5대 화이트 와인으로 뱅존을 꼽기도 했습니다.

뱅존은 양조 방법뿐만 아니라 병 모양도 특이합니다. 보통 와인 병은 750ml지만 뱅존은 일반 와인 병보다 조금 작고 똥똥해 보이는 클라블랭Clavelin이라는 620ml 병에만 담깁니다. 그 이유는 숙성되는 6년 3개월 동안 오크통 안에서 와인이 계속 증발해 처음 넣은 와인 양의 62% 정도만 남기 때문입니다. 즉, 38%의 와인은 천사들의 몫이 되었다는 것이죠. 그래서 이 와인을 위해 특별히 1L의 62%인 620ml를 담을 수 있는 병을 만든 것이죠.

최고의 성공을 거두었지만 자신의 작품 세계에 대한 고집으로 세상으로부터 미움을 받고, 사랑하는 가족들이 자신보다 먼저 세상을 떠나는 것을 지켜봐야 하는 힘든 인생을 살았던 렘브란트. 하지만 그 삶 속에서 남긴 그의 진솔한 작품들은 긴 기다림 끝에 현재 빛을 보게 되었습니다. 이는 6년 3개월이라는 긴 시간을 오크통 속에서 묵묵히 견뎌내며 최상의 향과 맛을 선사하는 와인 뱅존과 참 많이 닮아 보입니다.

23

◇

황홀

: 화려함에 매료되는 작품과 와인

◇

신화를 바탕으로 한 대작

루벤스 <마리 드 메디시스의 생애> 연작

우리는 가끔 화려한 모습에 매료되어 헤어나지 못하고 푹 빠져버리는 경우가 있습니다. 17세기 바로크Baroque 미술을 대표한 페테르 파울 루벤스Peter Paul Rubens는 가장 화려한 빛으로 캔버스를 채워나간 화가입니다. 법률가 집안에서 태어난 루벤스는 잘생긴 외모에 더해 다양한 언어 구사력과 뛰어난 사교성으로 많은 귀족과 왕족에게 사랑받았습니다. 그는 17세기 프랑스 왕비였던 마리 드 메디시스Marie de Médicis의 의뢰로 걸작을 완성합니다. 그녀는 이탈리아 피렌체를 대표하는 메디치 가문의 여인으로 어마어마한 부는 물론 권력욕이 대단한 사람이었죠. 남편인 프랑스의 왕 앙리 4세Henri IV를 암살했고, 아들 루이

13세_{Louis XIII}와 권력 투쟁까지 벌였다는 것만 보아도 알 수 있습니다. 이런 그녀가 당대 최고의 화가 루벤스에게 자신의 일대기를 그려달라고 부탁해 완성한 작품이 <마리 드 메디시스의 생애>Marie de' Medici cycle 연작입니다.

24점의 그림으로 구성된 약 4m 높이의 대작으로, 작품 규모가 어마어마해 실제로 그림을 보면 압도되는 느낌을 받습니다. 그리고 천천히 감상하다 보면 캔버스 속에 담긴 그녀의 이야기에 입이 떡 벌어지죠.

마리 드 메디시스는 탄생부터가 남다릅니다. <피렌체에서 왕비 탄생>The Birth of the Princess, in Florence에서 그녀는 파란색 옷을 입은 여인의 품 안에서 태어나고 있습니다. 그리고 아기 머리 뒤에 표현한 신성함을 나타내는 후광은 성모 마리아의 품에서 태어나는 예수의 모습과 닮아 있지요. 또한 그녀의 탄생을 축하하기 위해 주변에 모여든 인물들은 그리스 신들로, 마치 예수의 탄생을 알고 찾아온 동방 박사의 모습처럼 보이기도 합니다. 이처럼 화가는 그리스 로마 신화와 성서 이야기를 차용해 그려냄으로써 그녀의 탄생을 화려하게 표현했습니다.

<왕비의 교육>The Education of the Princess에서 그녀는 소녀로 성장했고 그리스 신들에게 신성한 교육을 받고 있습니다. 투구를 쓰고 있는 전쟁과 지혜의 여신 아테나에게 지식을 전수받고 있고,

페테르 파울 루벤스,
<피렌체에서 왕비 탄생>(위 왼쪽), <왕비의 교육>(위 오른쪽), <왕비의 초상화를 받는 앙리 4세>(아래)

악기를 연주하고 있는 음악의 신 오르페우스에게서 예술적 감각을 배우고 있으며, 하늘에서 전령의 신이자 웅변의 신 헤르메스가 내려와 그녀에게 언어에 대한 이해와 유창하게 말하는 법을 알려주고 있습니다.

그리고 <왕비의 초상화를 받는 앙리 4세>The Presentation of Her Portrait to Henry IV에서는 화면 상단에 올림포스 최고의 신 제우스와 헤라가 앙리 4세에게 마리 드 메디시스의 초상화를 보여주며 중매를 서고 있습니다. 신들의 중매라니! 여러분이 앙리 4세라면 그녀를 거부할 수 있을까요? 그리고 지성 교육을 담당했던 아테나가 앙리 4세 옆에서 마치 "내가 교육시킨 아이이니 꼭 결혼해!"라고 속삭이고 있는 것만 같습니다.

이후 앙리 4세와 결혼한 그녀는 프랑스로 가게 되고, 1610년 5월 13일 파리 생드니 성당에서 대관식을 치릅니다. <마리 드 메디시스의 대관식>The Coronation in Saint-Denis 속에서 그녀는 여러 추기경과 국가 대신들의 축하를 받고 있습니다. 그리고 그녀 머리 위에서는 천사들이 그녀의 평화와 번영을 바라며 축복을 내려주고 있죠. 기쁨과 성대함으로 화면이 가득 차 있지만 2층 단상 위에 홀로 서 있는 앙리 4세는 슬픈 표정으로 쓸쓸하게 대관식을 관망하고 있습니다. 이유가 무엇일까요? 그는 대관식 다음 날인 5월 14일에 암살을 당합니다. 그가 자신의 죽음을 예견했

페테르 파울 루벤스, <마리 드 메디시스의 대관식>

페테르 파울 루벤스, <앙리 4세의 죽음과 여왕의 섭정 선포>

던 건 아닐까요?

<앙리 4세의 죽음과 여왕의 섭정 선포>The Death of Henry IV and
the Proclamation of the Regency의 왼쪽을 보면 죽은 앙리 4세가 제우스
의 손에 이끌려 하늘로 올라가고 있습니다. 그리고 남편을 잃은
마리 드 메디시스는 검은색 수의를 입고 있고, 아테나가 프랑스
의 권력을 상징하는 파란색 보주(구슬)를 그녀에게 건네주고 있
습니다.

일반적으로 왕비의 대관식은 거행하지 않습니다. 하지만 마
리 드 메디시스는 대관식을 고집해 의식을 성대하게 치렀고, 바
로 다음 날 앙리 4세가 암살당하면서 그녀가 권력을 쥐게 되죠.
많은 학자가 이는 그녀의 치밀한 계획과 계산된 행동의 결과였
을 것이라고 말합니다.

그녀가 권력을 쥐고 기뻐하는 모습을 작품에 표현했다면 보
기 좋지 않았을 것입니다. 그래서 루벤스는 아테나가 마리 드 메
디시스에게 프랑스의 권력을 건네주는 모습으로 표현했고, 그
녀는 이것을 받아야 할지 말아야 할지 고민하는 모습으로 그려
냈습니다.

이렇게 루벤스는 마리 드 메디시스의 일대기를 역사적 사실
을 바탕으로 그리스 신화와 성화의 이야기를 차용해 그녀를 드
높이고 미화시켜 화려한 빛과 함께 화폭에 담았습니다.

귀족적인 느낌의 스위트 와인

샤토 디켐

어느 날 페테르 파울 루벤스의 그림이 전시된 마리 드 메디시스 갤러리에 앉아 천천히 그림을 감상했습니다. 그때 '승리의 맛은 참으로 달콤한 것이구나!'라는 생각과 함께 캔버스에 수놓인 루벤스의 화려한 색, 그림의 구성 방식에서 그의 그림처럼 색이 화려하고 고귀하며 달콤하기까지 한 와인 한 병이 생각났습니다. 바로 스위트 와인의 끝판왕, 샤토 디켐Château d'Yquem 이었죠.

샤토 디켐은 보르도Bordeaux 남쪽에 위치한 소테른Sauterne 지역에서 생산하는 와인입니다. 1855년 와인 등급 제정 당시 화이트 와인으로는 유일하게 등급에 포함되었을 정도로 품질 좋은 와인들을 생산하는 곳이죠. 여기서 생산하는 총 26개 와인이 3가지 등급을 받았습니다. 14개의 와인은 2등급Seconds crus, 11개의 와인은 1등급Premiers crus 그리고 남은 하나, 가장 높은 특등급Premier cru supérieur은 유일하게 샤토 디켐이 받았습니다. 샤토 디켐은 그만큼 귀하고 가치가 높아 와인 경매가 열리면 항상 새로운 기록을 만

샤토 디켐 2001년

듭니다. 2011년 런던 리츠 호텔에서 열린 경매에서는 1811년산 샤
토 디켐이 프랑스 개인 수집가 크리스티앙 바니크Christian Vanneque
에게 7만 5000파운드(약 1억 3500만 원)에 팔려 가장 비싼 가격에
판매된 화이트 와인으로 기록되었습니다. 과연 이 와인은 어떤
매력을 가졌기에 세계 와인 애호가들이 열광하는 것일까요?

샤토 디켐은 보트리티스 시네리아라는 곰팡이균에 감염된 포도로 만드는 귀부 와인입니다(81쪽 참조). 샤토 디켐 공식 홈페이지에서는 보통 보르도에서 포도나무 한 그루당 한 병의 와인이 만들어지지만 샤토 디켐은 포도나무 한 그루에서 한 잔의 와인이 만들어진다고 이야기합니다.

와인에 남는 잔여 당분은 150~200g 정도입니다. 일반적으로 드라이 화이트 와인의 잔여 당분이 약 10g이라는 것과 비교하면 상당히 높은 수치입니다. 이렇듯 높은 잔여 당분으로부터 오는 고귀한 달콤함을 얻기 위해서는 포도를 재배할 때 긴 기다림의 시간과 세심한 관리가 필요합니다.

또한 일반적으로 포도 수확Vendange은 한 번에 이루어지는데 샤토 디켐용은 평균 6주 동안 5~6회에 걸쳐 수확합니다. 보트리티스 시네리아 곰팡이균에 잘 감염된 품질 좋은 포도만을 순차적으로 수확하기 위해서죠. 어떤 해에는 10회 이상 수확을 시도하고, 10월에 시작해 12월에 수확이 끝나기도 합니다. 그리고 만약 그해 포도 품질이 좋지 않을 경우에는 과감히 샤토 디켐 생산을 포기합니다. 가장 최근에는 2012년 빈티지가 생산되지 않았고, 그 외에 1910년, 1915년, 1930년, 1951년, 1952년, 1964년, 1972년, 1974년, 1992년 빈티지들이 생산되지 않았습니다.

이렇듯 와인을 생산할 때 투여하는 생산자의 노력과 노동력이 다른 와인에 비해 높고, 반대로 생산량은 극히 적기 때문에 샤토 디켐의 가치가 높은 것입니다. 하지만 이런 높은 품질을 유지하기 위해서는 때론 재정적 어려움도 감당해야 합니다. 포도 품질이 좋지 않아 생산을 포기했을 때의 재정적 위험성과 부담감이 상당하기 때문이죠.

그래서 보트리티스 시네리아 곰팡이균이 잘 붙지 않아 샤토 디켐으로 만들 수 없는 포도들을 이용해 1959년부터 이그헥$_Y$이라는 단맛이 없는 드라이 스타일의 화이트 와인을 생산하기 시작했습니다. 이그헥은 드라이 스타일이지만 세미용 포도에 응축된 풍미가 그대로 스며들어 맛이 상당히 우아해, 풍성하고 새하얀 벨 라인 스타일의 웨딩드레스 이미지가 떠오릅니다.

반대로 샤토 디켐은 와인 색깔이 진한 금빛으로 처음 마주할 때 우리의 시선을 빼앗습니다. 최근에 생산된 어린 빈티지에서는 살구와 귤, 그리고 바닐라와 토스트 향이 느껴지고, 와인이 숙성되면서 말린 살구와 자두, 마멀레이드 등과 같은 말린 과일향, 꿀 향 그리고 사프란과 감초 등의 향들이 복합적으로 올라옵니다. 그리고 스위트 와인이지만 단순한 단맛이 아닙니다. 신선한 산도가 잘 뒷받침되고 잘 어우러져 산뜻하고 우아하며, 단맛이 입에 착 달라붙어 머메이드 스타일의 웨딩드레스 이미지가 떠오릅니다.

와인의 숙성력은 테루아와 포도 품질에 따라 달라지는데 샤토 디켐은 100년 이상 숙성이 가능하다고 이야기합니다. 그만큼 품질 좋은 고급 와인이라는 의미이죠.

찬란한 금빛과 더불어 여러 가지 복합적인 향이 풍부하게 퍼지며 우아하고 호화로운 느낌의 샤토 디켐, 화려한 빛과 색으로 캔버스를 수놓았던 루벤스의 그림. 이 둘은 참 닮아 있습니다. 외적으로만 보이는 화려한 치장이 아닌 최고의 그림과 와인을 만들어내기 위한 노력의 결실이 빛을 발하는 이 두 명작을 꼭 한 번 만나보길 바랍니다.

◇

평온

: 안개 속에서 피어오르는 아름다움

◇

안식과 위로의 그림

모네 <수련> 연작

프랑스에 살면서 꼭 해보고 싶은 것이 있었습니다. 클로드 모네Claude Monet가 <수련>Water Lilies 연작을 그린 지베르니 Giverny에 있는 그의 정원에 앉아 샹볼 뮈지니Chambolle Musigny 와인 한잔 마시는 것이었죠. 저를 와인에 푹 빠지게 만든 와인 장자크 콩퓌롱Jean-Jacques Confuron의 샹볼 뮈지니 2004년산을 마실 때, 이전에 방문한 지베르니에서 느낀 편안함과 차분함을 똑같이 느꼈기 때문입니다. 2018년 여름, 생수통에 와인을 조금 담아가 지베르니 정원에 앉아 그가 보았던 풍경을 바라보며 샹볼 뮈지니를 즐긴 잊지 못할 추억이 있습니다.

장자크 콩퓌롱 샹볼 뮈지니 와인

클로드 모네는 여든여섯 살에 생을 마감한 화가로 인상파의
시작과 끝을 함께했습니다. 화가 인생 초반에는 그의 생활이 녹
록지 않았습니다. 사람들에게 인정받지 못했고 작품이 팔리지
않았기 때문이죠. 결국 파리에서 삶을 이어가지 못하고 파리 주
변에 정착할 만한 장소를 찾기 시작합니다. 이때 그의 눈에 들어
온 곳이 지베르니였습니다. 파리와 그렇게 멀지 않고 집세가 저
렴했으며 자신의 아이들이 학교를 다닐 수 있는 조금 큰 도시가

근처에 있었기 때문이죠. 더군다나 근처에 센강이 흐르고, 그곳에서 매일 아침 물안개 속에 퍼지는 장관 같은 풍광을 볼 수 있었죠. 또한 사과나무 꽃들이 흩날리는 모습을 보고는 자신이 지내야 할 곳은 바로 여기라고 확신하며 지베르니에 정착합니다.

그 이후 그의 인생은 정말 기적같이 꽃을 피우기 시작합니다. 그는 계절에 따라 피고 지는 꽃들을 심고 이를 통해 정원을 팔레트 삼아 색을 연구했습니다. 4월에는 색색이 튤립이 피고 분홍빛 벚꽃 잎이 흩날렸고, 5월이면 붉은 제라늄이 피고, 시간이 지나면서 개양귀비, 팬지, 해바라기 등이 꽃을 피워 그의 팔레트는 아름다운 자연의 색으로 물들었지요. 그리고 하이라이트라 할 수 있는, 물의 정원에 떠 있는 수련은 지베르니 지역이 따뜻해지는 8월이면 곱고 청초한 자태를 드러냈습니다.

모네는 1890년부터 그가 사망한 1926년까지 약 30년 동안 수련 그림을 그렸습니다. 무려 300여 점이나 되며, 그중 40여 점은 대형 패널에 그린 작품입니다.

수련을 프랑스어로 님페아Nymphéa라고 하는데, 그리스 신화에 나오는 요정 님프Nymphe에서 유래했습니다. 그리스의 신 헤라클레스가 사랑한 미소년 힐라스가 헤라클레스의 심부름으로 물을 길러 갔는데 힐라스에게 반한 님프들이 그를 유혹해 연못 속으로 끌고 들어갔고, 그는 영영 돌아오지 못했다는 이야기에서 유

지베르니 마을에 있는 모네의 집,
물의 정원과 수련의 모습

래한 것입니다. 모네도 힐라스처럼 님프(수련)의 모습에 매료되어 그렇게 많은 작품을 그린 것은 아닐까요? 제1차 세계 대전이 끝나고 모네는 국가를 위해 목숨을 바친 장병들을 기리고 파리 사람들을 위로하기 위해 자신의 수련 작품 2점을 국가에 기증하려고 합니다. 그런데 그의 친구였던 정치가 클레망소Clemenceau가 조금 더 큰 사이즈의 그림을 국가에 기증해달라고 요청해 모네는 총 8점의 수련 그림을 기증합니다. 그 작품들은 현재 오랑주리 미술관Musee de l'Orangerie에 전시되어 있습니다.

높이는 1.97m, 길이는 약 100m에 달하는 대작으로, 타원형의 하얀색 방 두 곳에 전시되어 있죠. 동쪽 방에는 해가 떠오를 때의 수련 모습, 서쪽 방에는 해가 질 때의 수련 모습이 붉은 석양과 함께 캔버스에 담겨 있습니다. 모네는 자신의 정원 한쪽에 이젤을 놓고 캔버스를 올려 눈에 보이는 아름다운 풍경을 화폭에 담아냈습니다. 물 위에 청초히 핀 수련의 모습뿐 아니라 하늘에 떠 있는 구름이 연못에 반영된 모습까지 담아냈죠. 그림 속에서 하늘과 땅은 마치 하나가 된 듯합니다. 그리고 타원형의 두 방은 무한대(∞)를 나타내는 수학 기호와 모습이 같습니다. 병사들의 희생을 기리고 그들의 영원한 평안과 안식을 바라는 마음, 파리 사람들이 겪은 전쟁의 아픔을 영원히 위로하고자 하는 모네의 따스한 마음이 반영된 듯합니다.

오랑주리 미술관에 전시 중인 모네의 <수련> 연작

모네의 정원을 닮은 와인

샹볼 뮈지니

클로드 모네의 그림처럼 물안개 속에 피어난 수련과 나무, 풀들의 모습 그리고 안개가 걷히며 서서히 모습을 드러내는 아름다운 꽃들의 향이 느껴지는 와인이 있습니다. 저를 와인에 빠지게 만든 와인, 지베르니의 모네 정원에서 마시고 싶었던 와인, 샹볼 뮈지니입니다.

샹볼 뮈지니는 프랑스 부르고뉴Bourgogne의 코트 드 뉘Côte de Nuits 지역에 위치한 마을입니다. 그 이름만으로도 전 세계 와인 애호가들의 가슴이 설레는 최고의 와인 생산지 중 하나이죠. 여기서 부르고뉴 와인을 조금 더 이해하기 위해 등급에 대해 알아보겠습니다. 부르고뉴 와인 등급은 가장 낮은 지역 등급Régional 부터 마을 등급Villages, 1등급Premier Crus, 그랑 크뤼Grands Crus 순으로 높아집니다. 부르고뉴 지역에는 와인을 생산하는 44개의 마을이 있습니다. 그리고 마을마다 좋은 포도밭은 이름을 따로 붙이고, 등급은 1등급과 그랑 크뤼로 나뉩니다. 이 등급의 차이는 와인 라벨을 보면 쉽게 구별할 수 있습니다.

부르고뉴라고 표시되어 있으면 가장 낮은 지역 등급이고, 마을 이름이 명시되어 있으면 한 단계 위인 마을 등급, 마을 이름 뒤에 Premier Cru + 밭 이름이 적혀 있으면 1등급 와인입니다. 그랑 크뤼급은 포도밭 이름만 명시되어 있습니다. 이렇게 지역 등급과 1등급 와인은 쉽게 구별 할 수 있습니다. 부르고뉴라고만 적혀 있거나 1등급이라고 명시되어 있기 때문이죠. 하지만 마을 등급과 그랑 크뤼는 각 마을 혹은 포도밭 이름만 적혀 있기 때문에 우리가 마을 이름과 포도밭 이름을 외우고 있지 않은 이상 단번에 구별하기는 어렵습니다. 저는 와인 학교에 다닐 때 수백 개의 포도밭 이름을 외우기 위해 밤을 지새우기도 했습니다. 최고의 와인을 알고 제대로 접하려면 약간의 공부도 필요합니다.

샹볼 뮈지니 마을 내 그랑 크뤼 등급의 포도밭은 단 2개, 뮈지니Musigny와 본마르Bonnes-Mares입니다. 이 중에서도 뮈지니에서 생산한 와인이 조금 더 우아하고 섬세하게 와인 맛을 표현해 본마르보다 한발 앞서 있습니다. 뮈지니의 포도밭은 경사가 약간 가파른 곳에 위치해 비가 많이 내리면 토양이 빗물에 쓸려 내려가 유실되기도 합니다. 이럴 때 생산자들이 쓸려 내려온 토양을 다시 퍼 나르는 작업을 할 정도로 토양에 대한 생산자들의 애착이 남다르기에 최고의 와인이 생산되는 것이지요.

유명 생산자는 도멘 르로이Domaine Leroy, 도멘 콩트 조르주 드

BOURGOGNE
Appellation Bourgogne Contrôlée
PINOT NOIR

75 cl e — Elevé et Mis en bouteilles par — 12,5% vol.
LOUIS JADOT
F 21200 - FRANCE

PRODUIT DE FRANCE

CHAMBOLLE-MUSIGNY
Appellation Contrôlée

75 cl e — Elevé et Mis en bouteilles par — 13,5% vol.
LOUIS JADOT
F 21200 - FRANCE

PRODUIT DE FRANCE

CHAMBOLLE-MUSIGNY
LES AMOUREUSES
Appellation Chambolle-Musigny Premier Cru Contrôlée
2014
Récolté, vinifié, élevé et mis en bouteilles par
LOUIS JADOT
BEAUNE · FRANCE

Domaine Louis Jadot

wine-searcher

MUSIGNY
GRAND CRU
Appellation Contrôlée

Récolté, vinifié, élevé et mis en bouteilles par
LOUIS JADOT
BEAUNE · FRANCE

Domaine Louis Jadot

보귀에Domaine Comte Georges de Vogüe, 도멘 조르주 루미에르Domaine Georges Roumier, 도멘 자크 프레드릭 뮈니에Domaine Jacques-Frédéric Mugnier 등이 있으며, 생산량이 적어 구하기도 매우 힘들고 높은 희소성으로 인해 가격대가 높습니다.

그리고 1등급 와인은 총 24개가 존재하며 그중 가장 유명한 포도밭은 레 자무레즈Les Amoureuses와 레 샤름므Les Charmes입니다.

도멘 콩트 조르주 드 보귀에 와인들, 1등급 레 자무레즈(왼쪽),
그랑 크뤼 본마르(중앙), 그랑 크뤼 뮈지니(오른쪽)

레 자무레즈는 그랑 크뤼인 뮈지니 포도밭 바로 아래 위치해 그랑 크뤼 등급 못지않게 매년 상당히 높은 수준의 와인을 생산합니다. 그래서 일부에서는 1등급에서 그랑 크뤼로 승격시켜야 한다는 목소리를 내고 있기도 하죠. 판매 가격 또한 뮈지니 못지않게 높게 형성되어 있습니다.

국내에 와인 붐을 일으킨 만화책 <신의 물방울>에서 첫 번째로 나온 와인이 생산자 조르주 루미에르의 샹볼 뮈지니 지역, 1등급 레 자무레즈입니다.

한편 레 샤름므에서 생산한 와인은 레 자무레즈에서 생산한 와인보다 유명세는 낮지만 생산량이 훨씬 많습니다. 합리적인 가격에 1등급 샹볼 뮈지니를 경험하고 싶다면 레 샤름므부터 시도해보길 권합니다. 그렇다고 다른 1등급 포도밭의 품질과 마을 단위급 와인의 질이 떨어지는 것은 아닙니다. 제가 처음 꽃밭에 있다는 느낌을 받은 와인도 마을 단위급 샹볼 뮈지니였으니까요.

이렇듯 샹볼 뮈지니 와인은 감미롭고 우아하며 작은 샘이 있는 숲에 들어온 것 같은 느낌을 줍니다. 이는 모네가 그린 수련과 참 많이 닮아 있죠. 프랑스를 여행한다면 오르세 미술관과 오랑주리 미술관에서 모네의 그림들을 감상한 후 지베르니에 위치한 모네의 정원에서 샹볼 뮈지니 한잔해보시는 건 어떨까요?

ART & WINE

25

신념

: 굽히지 않는 신념으로 발한 빛

지중해의 햇살을 머금은 와인

방돌

주변 사람들이 뭐라 말하고 어떻게 생각하든 상관
없이, 소신을 지키며 자신만의 길을 꿋꿋하게 걸어가는 사람들
이 있습니다. 너무 고집스럽다는 생각이 들 때도 있지만, 이런
고집이 새로운 것들을 만들어내며 새로운 기준을 제시하기도
하지요.

프랑스 남부 프로방스Provence의 한 지역에서는 남들이 잘 사
용하지 않는 독특한 포도 품종으로 고집스럽게 와인을 만듭니
다. 뜨거운 태양을 머금고 자란 포도의 강한 타닌이 인상적인 와
인, 바로 방돌Bandol 와인입니다.

방돌은 지중해Mediterranean Sea 근처에 위치한 지역으로 특히 여름휴가 때 많은 사람이 찾는 곳입니다. 직접 방문해보면 무더위를 피해 바닷속으로 들어가 열기를 식히며 하루를 보내는 사람들을 쉽게 만날 수 있습니다. 하지만 이런 평화로운 모습과는 달리 포도밭의 토양은 메마르고 거칠어 포도 재배가 쉽지 않습니

방돌 대표 와인 생산자 샤토 프라도의 와인

다. 와인 생산이 어려운 곳이죠. 그런데 이곳에서 무르베드르 Mourvédre라는 독특한 품종으로 포도를 재배해 와인을 생산하고 있습니다.

무르베드르는 포도 껍질이 두껍고 늦게 익는 만생종(천천히 익는 품종)입니다. 그렇다 보니 오랜 시간 동안 관리를 잘해야 하

방돌 대표 와인 생산자 도멘 탕피에의 와인
────────

고, 양조할 때 세심하게 다루어야 해서 제어가 쉽지 않죠. 그리고 개성이 강하기 때문에 다른 지역에서는 요리에 강렬한 풍미를 주는 후추 같은 역할처럼 소량만 사용해 와인을 만듭니다. 하지만 방돌 지역에서는 유일하게 주연 역할을 합니다. 방돌의 테루아가 무르베드르에 최적화되어 있기 때문이지요.

이곳의 포도밭은 대부분 남향의 경사면에 위치해 지중해를 바라보고 있습니다. 일조량이 풍부한 곳으로 일 년 동안 햇빛을 받는 시간이 무려 3000시간이 넘습니다. 일수로 계산하면 약 125일로 유명 와인 생산지인 보르도가 2700시간, 부르고뉴는 2200시간인 것과 비교하면 훨씬 더 깁니다. 이 풍부한 일조량이 만생종인 무르베드르를 충분히 여물 수 있게 만들죠. 그리고 이 품종은 건조한 기후를 좋아합니다. 지중해 근처라서 습도가 높을 것 같지만, 순간 시속이 100km가 넘는 강하고 건조한 미스트랄 바람이 불어 무르베드르를 키우기에 적합한 기후가 됩니다. 너무 기름지지 않고 배수가 잘되는 자갈로 이루어진 방돌의 테루아 또한 무르베드르 재배에 최적인 환경을 제공해주죠. 이러한 환경 덕분에 항상 조연으로 치부되었던 개성 강한 무르베드르가 방돌 지역에서는 주연 역할을 할 수 있는 거죠.

생산한 지 얼마 되지 않은 어린 방돌 와인은 색이 상당히 진하고 알코올이 풍부하며, 타닌이 강해 장기 숙성에 탁월합니다.

최고급 와인은 최소 10년 이상의 숙성 시간이 필요합니다. 와인을 생산할 때 무르베드르 품종은 50~95%까지 사용하고, 그르나슈Grenache와 신소Cinsault 품종 등을 섞습니다. 민트처럼 개성 강한 허브 향, 야생 과일, 가죽, 정향 등의 이국적이고 코에 박히는 강한 향과 더불어 입 안에서 느껴지는 묵직함, 거침없이 혀에 느껴지는 타닌들이 그대로 다가옵니다. 이는 강렬한 태양빛을 머금은 프랑스 남부 프로방스의 모습을 고스란히 담고 있는 것 같습니다.

하지만 아쉽게도 우리나라에서는 방돌 와인을 찾아보기 어렵습니다. 생산량이 많지 않기 때문이죠. 방돌 와인은 프랑스 와인 전체 생산량에 약 0.3%밖에 안 되기 때문에 프랑스 남부 이외의 다른 프랑스 지역에서도 구하기가 쉽지 않습니다. 우리나라에서 만날 수 있는 유명 방돌 와인 생산자는 도멘 탕피에Domaine Tempier, 샤토 프라도Château Pradeaux, 샤토 드 피바르농Château de Pibarnon, 샤토 바니에르Château Vannieres 등이니 기회가 닿는다면 꼭 마셔보길 권합니다.

현대 미술의 아버지
세잔 <사과와 오렌지>

　　방돌 지역의 와인 생산자들은 기후와 토양을 연구하고 다른 지역에서 인정받지 못한 개성 강한 포도 품종을 소신 있게 사용합니다. 그 덕에 현재는 품질 좋은 와인으로 세계에서 인정받게 되었지요. 이렇게 고집 같은 강한 소신으로 만든 방돌 와인을 닮은, 고집스런 프랑스 남부 화가가 있습니다. 이 화가에 대해 이야기하고자 합니다.

　　현대 미술과 근대 미술의 경계는 어떻게 나뉘는 것일까요? 그 기준에 서 있는 화가가 폴 세잔Paul Cézanne입니다. 재미있게도 그는 방돌에서 고작 70km밖에 떨어지지 않은 도시 엑상프로방스Aix-en Provence에서 태어나고 그곳에서 숨을 거둔 인물입니다.

　　19세기 미술계에는 큰 변화가 있었지요. 더 이상 기득권을 위해서 그림을 그리지 않고 당시의 풍경과 우리 삶의 모습을 눈부신 빛과 함께 사실적으로 화폭에 담아낸 인상파 화가들의 출현이었습니다. 세잔은 그들과 흐름을 함께했지만 그의 그림들은 우리가 일반적으로 알고 있는 인상파 그림과는 다릅니다. 그는 사과 정물화를 많이 그린 인물로 알려져 있죠.

유년 시절부터 그와 절친했던 친구가 프랑스 자연주의 소설가 에밀 졸라Émile Zola입니다. 어릴 적 에밀 졸라는 체구가 작고 왜소해 친구들에게 괴롭힘을 당했습니다. 그때 세잔이 도움을 주었고, 감사의 표시로 에밀 졸라가 사과를 건넸다고 합니다. 그래서 그가 이 추억 때문에 사과를 많이 그렸다는 이야기가 있습니다. 또 그는 그림을 그릴 때 시간이 오래 걸려 움직임이 많은 대상을 그리는 것은 꺼려했다고 합니다. 그래서 움직임이 없는 사과 정물화를 많이 그렸다고도 이야기하죠.

"세잔은 무척 천천히 작업을 진행했으며, 극도로 숙고한 후 작업했다. 그는 오랫동안 사유하지 않으면 결코 한 번의 붓질도 하지 않았다."

_에밀 베르나르Émile Bernard

과연 그는 어떤 생각과 고민을 하며 붓질을 했던 것일까요?

먼저 그의 정물화 <사과와 오렌지>Apples and Oranges를 한번 훑어보길 바랍니다. 처음에는 크게 이상한 부분이 보이지 않겠지만, 그림을 부분 부분 뜯어보면 고개가 조금씩 갸우뚱해질 것입니다. 왜냐하면 그림 속에 다양한 시선이 들어가 있기 때문이죠.

폴 세잔, <사과와 오렌지>

주전자는 측면에서 본 모습이지만 찰랑이는 물은 약간 위에서 내려다본 모습입니다. 그리고 옆의 그릇은 측면인데 오렌지와 사과가 담긴 그릇의 안쪽 면이 보이는 것은 위에서 내려다본 시선입니다. 테이블 밑으로 축 처진 테이블보는 정면에서 바라본 모습이지만, 그 아래 테이블은 위에서 바라본 모습으로 표현되어 있습니다. 그리고 사과와 오렌지를 하나씩 따로 바라보면 시선이 모두 다른 것을 알 수 있습니다. 그는 왜 한 그림 속에 이렇듯 다양한 시점을 표현한 것일까요?

전통적인 회화를 보면 화가가 바라보는 하나의 시점만 그림에 담겨 있습니다. 3차원의 세상을 2차원인 캔버스에 담을 때 입체감을 주기 위해, 르네상스 시대부터 소실점을 바탕으로 선 원근법으로 그림을 그렸습니다. 세잔은 이렇게 하나의 시점에 갇혀 살아가던 미술계와 사람들에게 세상에는 다양한 시점이 있다는 것을 알려주고자 했던 거죠.

또한 기존의 인상파 그림은 세상의 빛 변화를 색 위주로 표현해 사물의 경계가 무너지고 모호해지는 현상이 발생했습니다. 이에 세잔은 빛과 대기 속에서 사라진 사물의 속성이나 특성, 객관성을 복원하려고 했고, 기존 인상파 화가들이 쓰지 않던 검은색 사용을 주저하지 않았습니다. 보통 고전 회화에서는 윤곽선을 표현해 주변 사물과 대상을 구분 짓지만, 세잔은 윤곽선을 쓰

폴 세잔, <커튼이 있는 정물>

지 않고 색을 단계적으로 사용해 색의 변화를 통해 사물의 윤곽
을 표현하려 했습니다.

　이렇듯 세잔은 인상주의의 흐름을 따라갔지만, 그 속에서 잃
어버린 고전의 모습을 찾고 새로운 시각을 제시함으로써 미술
계에 새로운 바람을 일으켰습니다. 그는 그림을 그릴 때 오랜 생
각과 숙고의 시간을 들여 한 번의 붓질도 허투로 하지 않았기에

시간이 오래 걸렸던 것입니다.

　기존 인상파 화가들은 이런 그의 시도를 반기지 않았습니다. 자신들의 생각과는 너무 달랐기 때문입니다. 하지만 세잔은 생각을 굽히지 않고 자신만의 화풍을 소신 있게 만들어갑니다. 결국 그는 앙리 마티스Henri Matisse, 파블로 피카소Pablo Picasso 등 후배 화가들에게 지대한 영향을 끼쳤고, 이는 새로운 미술의 장을 여는 계기가 되었습니다. 그래서 사람들이 그를 근대와 현대 미술을 나누는 현대 미술의 아버지라 칭하게 되었지요.

　자신만의 개성을 지키고 발전시키며 때론 고집스런 모습으로 결국 큰 성공을 거둔 세잔과 방돌 와인은 프랑스 남부를 대표하는 화가이자 와인입니다. 언젠가 엑상프로방스에서 화가의 발자취를 좇아보며 방돌 와인 한잔 마신다면 그 어느 여행보다 즐겁고 뜻 깊은 시간을 만들 수 있을 것입니다.

26

낭만

: 파리만큼 매력적인 그림과 와인

◇

매력적인 도시를 그린 작품

카이보트 <파리의 거리, 비 오는 날>

여러분에게 파리라는 도시는 어떤 이미지로 다가
오나요?

저에게 파리는 차갑고 냉소적이지만 절대 거부할 수 없는, 치
명적인 매력을 가진 도시로 다가옵니다. 그리고 프랑스인들의
높은 콧대 때문인지 때론 거만하고 얄밉게 느껴지지만 매몰차
게 뒤돌아서지 못하는 매력적인 장소죠. 이런 파리의 모습을 잘
표현한 작품이 있습니다. 바로 귀스타브 카이보트Gustave Caillebotte
의 <파리의 거리, 비 오는 날>Paris Street, Rainy Day입니다.

카이보트는 파리의 상류층, 부르주아 집안에서 태어났습니
다. 초기에는 작품 수집가로 활동했는데, 특히 인상파 화가 중

귀스타브 카이보트, <파리의 거리, 비 오는 날>

르누아르Renoir의 그림을 많이 사고 후원한 인물로 알려져 있습니다. 이후 직접 그림을 그리며 화가로서의 재능도 뽐내게 되죠. 그는 사실주의적 표현으로 당시 파리의 단편적인 일상들을 거짓 없이 솔직하게 그려냅니다.

비가 내리며 축축하게 젖은 도로와 회색빛으로 덮인 하늘, 그리고 습기 가득한 공기의 느낌까지 전형적인 겨울의 파리 날씨를 잘 표현하고 있습니다. 당시 유행했던 높은 모자를 쓰고 나비넥타이를 맨 부르주아 남성, 점무늬 베일을 쓰고 검은색 긴 치마가 바닥의 빗물에 젖을까 살짝 손으로 잡고 우아하게 걷는 여성이 실제로 우리에게 걸어오는 듯합니다. 또한 코트를 여민 채 손을 주머니에 넣고 바쁘게 걸어가는 사람들의 모습에서 이날의 싸늘한 공기를 느낄 수 있으며, 바쁘게 돌아가는 도시의 생기 역시 그대로 느껴집니다. 마치 영화 속 한 장면을 보고 있는 것 같지 않나요? 한 가지 재미있는 점은 그림 속 인물을 모두 지우면 현재 파리의 모습과 차이가 없다는 것입니다. 현재 파리 8구의 더블린 광장Place du Dublin으로 가면 그림과 똑같은 풍경을 만날 수 있습니다. 카이보트의 그림처럼 파리는 19세기부터 세월이 멈춘 곳입니다.

과거의 파리는 상하수도 시설이 제대로 되어 있지 않았고, 위생 관념이 좋지 않아 쓰레기와 오물들로 넘쳐났던 곳입니다. 그로 인해 도시에 악취가 진동했고, 각종 전염병이 끊이지 않았습니다. 결국 나폴레옹 3세 황제는 파리를 깨끗하게 만들 목적으로 대대적인 도시 재정비를 명합니다. 이때 이 사업을 주도적으로 진행한 인물이 오스만 남작Baron Haussmann인데, 상하수도 시설을 정비하고 굽이굽이 나 있던 좁은 골목길은 큰 대로로 바꿨습니다. 그리고 그림 속 풍경처럼 건물은 일정한 높이와 비슷한 스타일로 규제해 균형감과 통일성을 지닌 파리로 19세기에 재탄생합니다. 이렇게 완성된 파리는 약 200년의 시간 동안 변하지 않은 채 과거를 품고 세상에서 가장 사랑받는 장소, 많은 이가 동경하는 도시가 되었습니다. 오스만 역시 파리의 역사에서 절대 빼놓을 수 없고 파리지앵이 사랑할 수밖에 없는 인물이 되었죠.

파리를 라벨에 담은 와인

오스만 와인

도시 계획을 주도해 아름답고 깔끔하게 정비된 오늘날의 파리를 있게 한 오스만 남작. 그는 보르도의 대형 와인 중개상의 딸과 사랑에 빠집니다. 그리고 그의 증손녀인 나탈리 라라케 오스만Nathalie Larraqué Haussmann도 보르도의 한 와인 생산자와 결혼하면서 현재 와인을 생산하고 있지요.

나탈리 라라케 오스만은 파리 출신이지만 남편을 만난 뒤 와인에 몰두하기 위해 보르도에 안착합니다. 보르도 시내에서 동북쪽으로 약 30km 떨어진 곳에 위치한 그녀의 와이너리는 높은 등급의 값비싼 와인을 생산하고 있지는 않습니다. 하지만 그녀가 생각하는 중요한 가치를 품은 와인들을 만들고 있지요. 그녀에게 가장 소중한 가치는 가족의 전통을 계승하면서 역동성과 우아함을 더한 와인을 생산해내는 것입니다.

그런 의미로 2009년에 그녀는 증조할아버지인 오스만 남작 탄생 200주년을 기념하고 그의 업적에 경의를 표하기 위해 오스만 남작 외젠Haussmann Baron Eugène 시리즈 와인을 출시합니다. 그리고 이 와인은 나오자마자 폭발적인 반응을 보이며 엄청난 성공을 거둡니다. 창립 10년 이래 최고치인 2150만 유로(약 300억)의 매출을 올렸는데, 이는 4년 만에 96.6%가 증가한 액수입니다. 또한 프랑스 와인 시장에서 가장 많이 팔린 보르도 와인 브랜드 10위 안에 들기도 했습니다. 이러한 성공을 기반으로 최근에는 사업을 프랑스 남부로 확장하면서 증조할아버지처럼 프로방스로 향합니다. 그곳에서 샤토 드 브레간송Chateau de Brégançon

VIN DE BORDEAUX

HAUSSM

Baron &

오스만 남작 외젠 시리즈 와인

의 소유주와 파트너십을 맺고, 끊임없이 새로운 도전을 하며 다양한 와인을 생산하고 있습니다. 이렇게 단시간 만에 성공한 결과만 보아도 오스만이라는 이름이 가진 힘이 얼마나 대단한지를 알 수 있습니다.

한 가지 더 재미있는 점은 라벨 디자인이 카이보트의 그림처럼 19세기 파리의 대규모 도시 정비 사업으로 만든 건축물로 표현되어 있다는 것입니다. 파리 국립 오페라 극장 가르니에 궁전과 루브르 박물관을 잇고 있는 오스만대로Boulevard Haussemann의 모습입니다. 오스만 남작의 이름을 딴 거리 모습을 와인 라벨에 사용했다는 점이 상징적인 의미가 있는 것이겠죠. 그렇기에 이 와인은 단순한 와인이 아닌 오스만 남작의 정신과 증손녀 나탈리의 도전적인 모습이 함께 담긴 가치 있는 와인이라고 말할 수 있습니다.

현재 바롱 외젠이라는 이름으로 생산되는 와인은 레드, 화이트, 로제 그리고 디저트 와인까지 총 4가지입니다. 이 와인들은 파리 시내 마트에 가면 약 8유로(약 1만 원)에 손쉽게 구매할 수 있습니다. 파리로 여행을 간다면, 저녁노을이 질 때 센 강변Banks of the Seine에 앉아보세요. 그리고 카이보트가 남긴 매력적인 파리 풍경 그림과 더불어 오스만 남작이 만든 아름다운 건축물들을 바라보며, 이 와인을 한잔한다면 더할 나위 없이 좋은 추억을 남길 수 있지 않을까요?

"보르도 포도는 나에게 삶을 알려주었다. 이곳에서 나는 매일 놀라운 사람들을 만나며 그들의 일에 대해 배우고 있고, 이 모든 것을 공유하고 싶다."

나탈리 오스만의 이 말처럼 그녀의 삶과 경험을 이 와인 한 병과 함께 느껴보길 바랍니다.

◇

클래식

: 영원히 사랑받는 고전

◇

프랑스 고전주의의 대표 화가

푸생 <솔로몬의 심판>

"클래식은 영원하다"라는 말이 있습니다. 그래서 유행하는 음악을 들으면서도 오케스트라가 연주하는 클래식 음악을 찾고, 요즘 말로 '힙'한 패션을 선호하면서도 클래식 정장과 구두를 찾지요. 이처럼 하루하루 빠르게 변화하는 유행 속에서도 변하지 않는 예스러움과 중후한 멋으로 항상 사랑받는 것이 클래식이죠. 꽃은 화려하게 피었다가 질 때는 바람에 흩날려 없어지지만, 그 뿌리는 땅속에서 변하지 않고 그다음 꽃을 피우기 위한 준비를 합니다. 유행이 꽃이라면, 클래식은 뿌리와 비교할 수 있지요.

그렇다면 현재 서양인들의 생각의 뿌리와 예술의 근원은 어디라고 말할 수 있을까요? 바로 고대 그리스 로마입니다. 고대 그리스 로마를 그리워하며 그 시기를 찬양한 수많은 예술가가 있는데, 그중 한 명이 프랑스 고전주의의 대표 주자 니콜라 푸생 Nicolas Poussin입니다.

그가 자신의 그림 중 가장 훌륭하다고 평가한 <솔로몬의 심판>The Judgment of Solomon을 보겠습니다. 이 작품은 구약성경을 바탕에 둔 이야기입니다. 두 여인이 같은 집에서 아이를 출산합니다. 그런데 한 여인이 자신의 아이를 깔고 잠드는 바람에 아이가 죽고 맙니다. 그러자 그 여인은 밤중에 일어나 죽은 자신의 아이와 다른 여인의 아이를 바꿔치기 합니다. 이에 두 여인은 서로 살아 있는 아이가 제 아이라고 주장하죠. 이 모습을 본 솔로몬은 시종들에게 칼을 가져오라 명하고 이렇게 말합니다.

"그 산 아이를 둘로 나누어 반쪽은 이 여자에게, 반쪽은 저 여자에게 주어라."

그러자 산 아이의 실제 어머니는 모성애가 솟구쳐 산 아이를 저 여인에게 주고 제발 그 아이를 죽이지 말라고 간청했고, 다른 여인은 반으로 나누어 자신에게 달라고 말합니다. 이 말을 들은 솔로몬은 산 아이의 진짜 어머니가 누군지 알아보았고, 그녀에게 아이를 돌려줍니다. 이 소식은 모든 백성에게 전해졌고 하느님의 지혜로 공정한 판결을 내린 솔로몬 왕을 두려워했다고 합

니콜라 푸생, <솔로몬의 심판>

니다.

푸생은 이 내용을 그림으로 그렸고, 색의 표현을 통해 사람들에게 메시지를 전달하고 있습니다. 손가락으로 아이를 가리키며 그 아이를 반으로 갈라 자신에게 달라고 외치는 가짜 어머니는 잿빛으로 표현하고, 제발 아이를 죽이지 말라며 손을 벌려 왕에게 간청하는 진짜 어머니에게는 밝은 빛을 드려놓았죠. 또한 판결을 지켜보는 군중들 역시 누가 가짜 어머니를 옹호하고 누가 진짜 어머니를 옹호했는지 피부색을 통해 구별할 수 있습니다. 거짓된 모습은 암흑 속으로 숨어버릴 수밖에 없고, 진실한 모습은 빛과 함께하니 참된 삶을 살아야 한다는 것을 이야기하고 있는 거죠.

모성애는 동서고금을 막론하고 시대와 상관없이 모든 사람이 공감할 수 있는 영원하고 클래식한 주제 중 하나입니다. 그리고 그림 속 인물들의 윤곽선을 명확히 표현하고 원근법을 사용해 조화롭고 균형미 있는 그림을 그렸죠. 이건 가장 고전적인 표현 방법입니다. 푸생이 활동한 17세기에는 극명한 빛의 대비를 이용해 화려하고 역동적인 느낌이 드는 바로크 그림들이 유행했습니다. 하지만 푸생은 그림의 주제 선정부터 표현 방식까지 가장 고전적이고 클래식한 방법으로 자신의 생각을 그림 속에 담아냈습니다. 이처럼 당시의 유행을 따라가지 않고 클래식을 추구했기에 니콜라 푸생을 프랑스를 대표하는 고전주의 화가로 꼽는 것이지요.

특별한 방법으로 만든 와인
리베르 파테르

와인도 시대의 유행을 따라가지 않고 가장 고전적이고 특별한 방법으로 만든 것이 있습니다. 보르도 남쪽 그라브 지역 내 란디라스Landiras에서 생산하는 리베르 파테르Liber Pater 와인입니다.

이곳에서 생산한 2015년 빈티지 와인은 한 병에 무려 3만 유로(약 4200만 원)에 거래되어 엄청난 화제가 되었습니다. 이는 부르고뉴의 유명 와인 로마네 콩티Romanée-Conti보다 1만 유로 이상 높은 가격으로 세상에서 가장 비싼 와인으로 손꼽히게 되었습니다. 이름도 들어보기 어려운 이 와인이 세상에서 가장 비싼 와인이 된 이유는 무엇일까요?

첫 번째는 필록세라가 발생하기 전 순수한 포도나무를 사용

2015년 리베르 파테르 와인

(출처 : iber-pater.com)

했다는 점입니다. 19세기에 필록세라 병충해로 인해 유럽의 포도밭이 쑥대밭이 되었습니다(27쪽 참조). 이 문제를 해결하고자 필록세라에 면역력이 있는 미국 포도나무에 유럽종 포도나무를 접붙이해서 필록세라의 피해로부터 벗어날 수 있었습니다. 현재 유럽의 모든 포도나무는 이런 접붙이 방식으로 키우고 포도를 재배해 와인을 생산합니다. 하지만 리베르 파테르의 오너인 로익 파스케Loïc Pasquet는 접붙이하지 않은 포도나무를 사용합니다. 그는 "접붙이한 포도나무에서 재배하는 포도는 전통성을 잃어버립니다. 포도의 맛은 느낄 수 있지만 그것은 테루아가 아닙니다"라고 이야기합니다. 그는 이 과정을 통해 19세기 이전의 순수했던 포도를 다시 재배할 수 있고, 이런 노력으로 나폴레옹이 마셨던 와인을 우리도 맛볼 수 있다고 이야기합니다.

두 번째는 고대 포도 품종을 재현하고 특별하게 포도를 재배하고 있다는 점입니다. 현재 보르도 지역에서 주로 사용하는 포도 품종은 카베르네 소비뇽, 메를로, 카베르네 프랑, 프티 베르도입니다. 하지만 그는 이 외의 다양한 포도 품종을 재배하고 있습니다. 카스테Castets, 프티 비뒤르Petite Vidure, 생 마케르Saint Macaire, 파르도트Pardotte, 타르나이Tarnay 등 과거 보르도에서 재배한 고대 포도 품종을 재현해 와인을 만들고 있죠.

세 번째는 오크통을 사용하지 않는 독특한 양조 방법을 사용한다는 점입니다. 일반적으로 와인은 오크통에서 숙성을 거쳐 특별한 향과 맛을 지니게 된다고 이야기합니다. 하지만 로익 파스케는 오크통이 오히려 와인의 순수함을 변질시킨다고 생각해 오크통을 사용하지 않습니다. 그는 과학과 함께 와인 양조 기술도 발전했지만 도리어 이런 발전이 보르도 와인을 완전히 변화시켰다고 이야기합니다. 현재 보르도 와인은 강한 타닌과 묵직한 무게감이 특징입니다. 하지만 로익 파스케는 과거의 보르도 와인은 강한 것이 아니라 부드럽고 유순한 스타일이었다며, 그것을 재현하는 것이 자신의 목표라고 이야기합니다. 그리고 고대 시대 때 사용한 도자기인 암포라(89쪽 참조)를 사용하고 있습니다.

이러한 그만의 철저한 생각과 철학을 바탕으로 만든 와인은 연간 1000병 정도밖에 되지 않습니다. 2015년 빈티지는 단 550병만 생산했으며, 기후가 좋지 않아 농사가 잘되지 않을 경우에는 와인을 아예 생산하지 않습니다.

그렇다면 이렇게 만든 와인은 정말 한 병에 3만 유로나 할 만큼 특별한 맛과 향을 지니고 있을까요? 순수한 과실맛과 신선한 향은 다른 보르도 와인들과 확실한 차별성이 있다고 이야기하지만, 와인에 대한 평가는 사람마다 많이 다릅니다. 로익 파스케는 자신의 와인은 100년의 숙성을 거쳐야 그 빛을 발한다고 이야기하고 있죠. 한 인터뷰에서 기자가 로익 파스케에게 이 모든 것이 마케팅 효과를 위한 것이었냐고 물었습니다. 이 질문에 그는 자신은 마케팅이 무엇인지 전혀 모르고 모두의 취향이 다를 뿐이라며, 자신의 와인은 하나의 예술 작품과 같다고 이야기했습니다. 이런 그의 모습은 사람들의 호기심을 불러일으키기 충분했고, 단시간에 스포트라이트를 받았죠.

유행을 좇지 않고 도리어 클래식함을 추구하는 모습뿐 아니라 남들이 하지 않는 것을 해나가는 사람들의 행보는 세간의 주목을 받기 마련입니다. 하지만 주변 사람들의 시선 때문에 걸음을 멈춰버린다면 호기심 있게 바라보며 용기를 주던 시선들이 갑자기 돌변해 외면받을 수도 있죠. 니콜라 푸생이 자신만의 철학을 가지고 끝까지 자신만의 길을 걸어 "아카데믹Academic한 것이 푸생이다"라고 회자되듯, 리베르 파테르 와인도 소신을 지키며 용기 있는 행보를 이어나간다면 언젠가 모든 사람에게 가장 클래식한 보르도 와인으로 회자되지 않을까 생각합니다.

◇

역사

: 백합의 향기를 품은 프랑스

◇

프랑스 왕가의 꽃
백합

프랑스 왕의 초상화부터 과거에 궁으로 쓰였던 지금의 루브르 박물관, 베르사유 궁전 등 프랑스 왕실과 관련된 수많은 건축물과 작품에서 동일하게 발견되는 것이 하나 있습니다. 다음 쪽의 그림에서 공통점 한 가지를 찾아보세요. 바로 옷을 비롯해 의자 쿠션 등을 수놓고 있는 백합 모양입니다. 백합은 프랑스 왕가를 상징하는 꽃이기 때문에 그림을 비롯한 프랑스 곳곳에서 찾아볼 수 있습니다.

하지만 이 꽃은 백합이 아니라는 이야기, 프랑스 왕가를 상징하게 된 설화 등 이와 관련된 여러 가지 이야기가 있습니다. 어떤 것들인지 한번 살펴볼까요?

루이 14세(위 왼쪽),
마리 드 메디시스(위 오른쪽),
루이 16세(아래)

첫 번째는 이야기는 이 꽃이 백합이 아닌 붓꽃이라는 설입니다. 6세기경 프랑크 왕조의 클로비스 왕이 부이예Vouillé 전투에서 리스블룸Lisbloem을 보고 승리를 예감했고, 실제로 큰 승리를 거둔 뒤 이 꽃을 프랑스 왕실의 상징으로 정했다고 합니다. 고대 프랑크어는 게르만어에서 파생되었습니다. 현재 네덜란드와 독일에서 쓰는 더치어도 게르만어에서 파생됐는데 리스블룸은 더치어로 붓꽃을 뜻합니다. 하지만 이 말이 프랑스어로는 잘못 번역되어 옮겨집니다. 리스블룸Lisbloem의 블룸Bloem은 꽃이라는 의미인데, 이것이 꽃을 의미하는 프랑스어 플뢰르Fleur로 번역되면서 앞에 있던 리스Lis가 그대로 남게 됩니다. 또한 리스는 프랑스어로 백합이라는 뜻이라, 결국 리스블룸이 리스 드 플뢰르Lis de fleur라고 잘못 번역되어 백합이 되었다고 합니다.

두 번째는 클로비스 왕과 관련된 또 다른 이야기입니다. 그가 전쟁에서 승리한 후 고국으로 돌아가던 중 강을 만나 잠시 멈추었습니다. 이때 몰래 추격해온 적국의 병사가 그를 향해 화살을 한 발 쏘면서 위험에 직면하게 되죠. 하지만 다행스럽게도 그는 자신의 승리를 자축하고자 강 한편에 핀 백합을 따려고 허리를 숙이면서 화살을 피하게 됩니다. 그렇게 왕의 목숨을 구해 왕가의 상징이 되었다고 합니다.

세 번째는 기독교와의 밀접한 연관성입니다. 기독교에서 백

합은 순결의 상징으로 사용되었습니다. 클로비스 왕은 프랑크
족을 처음으로 통일시키고 프랑크 왕국을 세운 뒤 가톨릭으로
개종합니다. 그러면서 프랑스는 교회의 장녀Fille aînée de l'Église라
는 이름을 얻게 되죠. 또한 랭스 대성당Cathédrale de Reims에서 세례
를 받은 클로비스 왕이 이후 백합의 순결성을 자기 정화의 상징
으로 선택하면서 프랑스 왕가를 상징하게 되었다고 합니다. 3개
의 꽃잎 모양으로 이루어진 백합의 모습은 기독교의 성 삼위일
체를 연상시킵니다. 또한 노란색 혹은 황금색으로 표현한 백합
의 색은 태양빛을 나타내며, 세상의 창조주라고 이야기합니다.
이런 연관성을 통해 프랑스 왕권의 힘을 신성 종교와 연결하며
왕권의 힘을 더욱 강화시켰습니다.

네 번째, 현재 남아 있는 사료에서 백합 모양이 실제로 처음
등장한 것은 9세기 프랑스의 왕 샤를 2세의 왕홀(프랑스 권력을
상징하는 지휘봉)입니다. 이후 왕이 된 루이 6세와 루이 7세도 백

프랑스를 상징하는 백합 문양

합을 사용하면서 그들의 권력과 지배를 종교적인 신성함과 거룩함으로 연결시켰습니다. 루이 7세는 1179년 그의 아들 필립의 대관식에서 백합 의상을 사용하도록 명령했죠. 루이 7세 치세 때부터 백합 문양은 프랑스 왕실의 특별한 상징으로 등장하기 시작합니다. 그래서 '루이 왕의 꽃이다'라는 뜻의 프랑스어 단어인 플뢰르 드 루이스Fleur de Louis라는 말에서 리스Lis라는 단어가 유래되었고, 그래서 백합이 된 것이라는 이야기도 있습니다.

이렇듯 백합은 수천 년 전부터 프랑스 왕가의 상징으로 사용되었기에 프랑스의 중요한 건축물과 작품들 속에서 많이 찾아볼 수 있습니다.

프랑스 왕가를 위한 와인
루아르 와인

루아르 와인 병에 백합 모양이 표현되어 있다는 것을 아시나요?

프랑스에서 지류가 가장 긴 루아르강을 끼고 발전한 루아르

루아르 와인 병에 새겨진 프랑스 왕가 상징 백합 문양

지역은 프랑스의 정원이라는 별칭을 가지고 있을 정도로 아름다운 자연경관을 자랑합니다. 그래서 수많은 왕과 귀족들이 자신의 성을 짓고 살았고, 루아르 와인Loire Wine은 프랑스 왕과 왕비를 비롯한 왕가 사람들의 식탁에 올랐습니다.

한번 상상해볼까요? 수백 년 전 여러분이 직접 만든 와인을 프랑스 왕에게 바쳤고, 그 와인을 왕이 즐겁게 마셨다면 정말 영광스럽게 여겼을 것입니다. 이러한 역사를 기리고 기억하고자 루아르 지역의 와인 생산자들은 자신의 와인 병에 프랑스 왕가의 상징인 백합 문장을 새겨 넣었죠. 프랑스 왕이 마셨던 와인을 지금의 우리도 마실 수 있다니 참 좋지 않나요? 왕의 와인이라고 하면 가격이 많이 비쌀 것 같지만 꼭 그렇지는 않습니다.

루아르강 일대에서 생산하는 와인의 55%는 화이트, 24%는 레드, 14%는 로제, 7%는 스파클링으로, 특히 뛰어난 화이트 와인을 많이 생산합니다. 1000km에 이르는 루아르강의 긴 지류를 따라 뻗어 있는 포도밭은 다양한 토질과 기후의 영향으로 개성 있는 와인을 생산하고 있지요. 페이 낭테Pays nantais, 앙주-소뮈르Anjou-Saumur, 투렌Touraine, 상트르 루아르Centre-Loire 총 4개 지역으로 나뉘어 있는데, 지역별로 큰 특징을 지닌 와인을 만나보겠습

루아르강을 따라 뻗은 포도밭

니다.

첫 번째는 대서양과 가장 근접한 서쪽의 페이 낭테 지역으로 뮈스카데Muscadet를 생산하고 있습니다. 믈롱 드 부르고뉴Melon de Bourgogne라는 청포도 품종을 사용하는 이 와인은 쉬르리Sur-Lie라는 독특한 기법으로 만듭니다. 쉬르는 '무엇 위에', 리는 '효모 침

루아르의 대표 와인들, (왼쪽부터) 시농, 뮈스카데, 코토 뒤 레이용, 부브레

전물'을 의미합니다. 즉, '효모 침전물 위에'라는 뜻으로, 발효 과정을 거치며 생긴 효모 침전물을 제거하지 않고 와인과 함께 숙성시킨다는 것입니다. 이 과정을 통해 효모 침전물과 와인이 계속 접촉하면서 와인에 무게감이 생기고 풍미가 풍부해지는 효과를 얻을 수 있습니다. 뮈스카데는 풋사과와 레몬 같은 상큼하고 신선한 풍미가 매력이며 해산물과 궁합이 잘 맞는데, 특히 석화와 마셨을 때 좋은 마리아주를 보여주는 와인입니다.

두 번째는 앙주-소뮈르 지역으로 레드, 화이트, 로제 등 다양한 와인을 생산하고 있지만, 특히 스위트 와인인 귀부 와인(81쪽 참조) 코토 뒤 레이용Coteaux du Layon의 품질이 좋습니다. 귀부 와인으로 유명한 보르도 소테른 지역의 와인들은 대체로 가격대가 높은 편이지만, 코토 뒤 레이용 와인들은 가격대가 10~20유로 선이기 때문에 부담 없이 디저트 와인으로 즐길 수 있죠.

세 번째는 투렌 지역으로 가볍고 상쾌하면서 품질 높은 화이트와 스파클링 와인을 생산하는 부브레Vouvray, 탄탄한 구조감을 가진 강건한 스타일의 레드 와인을 생산하는 시농Chinon이 잘 알려져 있습니다.

마지막으로 상트르 루아르는 루아르에서 가장 중요한 산지입니다. 루아르의 가장 동쪽에 위치한 이곳에서는 프랑스를 대표하는 화이트 와인 상세르Sancerre와 푸이 퓌메Pouilly-Fumé를 생산하고 있죠. 푸이 퓌메는 소비뇽 블랑 품종을 사용해 만드는데, 디디에 다그노Didier Dagueneau가 최고 생산자로 손꼽힙니다. 그의 와인 라벨을 보면 실렉스Silex라는 단어 위에 돌멩이 하나가 표현되어 있습니다. 실렉스는 부싯돌, 규석을 의미하는데, 푸이 퓌메 지역의 토양에서 많이 발견됩니다. 그 덕에 맛과 향에서 스모키한 뉘앙스의 풍미를 느낄 수 있는 개성 있는 와인이 만들어지고 있습니다. 푸이 퓌메라는 명칭은 이 부싯돌 향에서 왔다고도 하고, 루아르 강변에 이른 아침 안개가 연기를 피우듯 포도밭에 안개가 짙게 깔려 붙여졌다고도 이야기합니다.

루아르 지역의 가장 큰 장점은 보르도, 부르고뉴, 론 등 다른 지역에서 생산하는 와인들에 비해 가격대가 높지 않고, 편안하게 마실 수 있는 와인을 많이 생산하고 있다는 것입니다. 물론 유명 생산자들의 와인은 가격이 높기도 하지만, 대부분의 와인을 우리 돈으로 2만 원 이내에 만날 수 있죠. 이렇듯 루아르 지역은 아직 우리에게 잘 알려지지 않은 와인 산지로, 숨은 보석 같은 다채로운 와인들을 생산하고 있습니다.

와인 병에 새겨진 프랑스 왕가의 상징 백합처럼 깨끗하고 화사한 향을 풍기며 프랑스 왕들의 식탁에 올랐던 루아르 와인. 이 와인 한잔과 함께 수백 년 전 프랑스로 여행을 떠나보길 바랍니다.

디디에 다그노의
푸이 퓌메 실렉스 와인

◇

소망

: 고흐에게 전하고 싶은 와인

◇

3가지 소망을 담은 그림
고흐 <까마귀 나는 밀밭>

유명한 화가 하면 아마도 많은 사람이 빈센트 반 고흐Vincent van Gogh를 꼽을 거라 생각합니다. 그림과 예술에 관심이 없더라도 그의 굴곡진 인생사 속에 탄생한 그림 한 점 정도는 보았을 테니까요. 그가 남긴 수많은 작품 중 유작으로 알려진 작품이 <까마귀 나는 밀밭>Wheatfield with Crows입니다. 실제로는 이 작품 이후에도 그림을 몇 점 더 그렸으니 마지막 작품이라고는 할 수 없습니다. 하지만 그의 마음과 정신 상태를 가장 잘 나타낸 유작이라고 볼 수 있죠.

그림을 보면 푸른 하늘 아래 드넓은 밀밭이 펼쳐져 있습니다. 밀은 잘 익어 고개를 숙이고 세차게 부는 바람에 따라 이리저리

빈센트 반 고흐, <까마귀 나는 밀밭>

흔들리고 있습니다. 항상 자신의 생각과 고집이 강해 꺾일지언정 흔들리지 않았던 고흐. 죽음을 맞이하기 전 여러 생각으로 복잡한 머릿속과 갈등하는 그의 마음이 바람에 흔들리는 밀에 투영되어 느껴집니다. 그 위로 날아오르는 까마귀들의 날카로운 울음소리는 흔들리는 그의 마음을 더욱 재촉하는 것만 같습니다.

 밀밭에는 3개의 길이 그려져 있습니다. 많은 사람이 고흐가 걸어가고 싶었지만 이루지 못했던 그의 3가지 꿈을 표현했다고 해석합니다. 하나는 화가로서의 성공, 또 하나는 동생 테오를 비롯한 가족을 지켜내고 싶었던 그의 모습, 그리고 마지막 하나는 성직자가 되지 못한 그의 모습을 표현했다고 합니다.

고흐는 아버지와 할아버지, 증조할아버지 또한 목사였던 독실한 개신교 집안에서 자랐습니다.

"테오야, 다른 책은 필요 없어. 오직 성경만 있으면 돼. 나머지는 다 버려라."

그가 동생 테오에게 보낸 편지에서처럼, 어렸을 때부터 자연스럽게 성경을 접하면서 성경에 푹 빠진 그는 성직자가 되기로 합니다. 하지만 시험에 여러 번 낙방해 목사가 아닌 전도사로 활동하게 되죠. 하루하루 일하며 살아가던 사람들은 몇 시간 동안 성경 이야기를 하며 열성적으로 전도하는 고흐의 모습을 보고 감동하기는커녕 되레 광적이라 생각하며 그를 기피합니다.

결국 그의 아버지는 고흐에게 성직자의 길을 포기하라고 권유합니다. 그때 그의 기분은 어땠을까요? 당시에는 장남이 아버지의 일을 물려받는 것은 당연하고 자랑스러운 일이었습니다. 그런데 아버지가 그 일을 하지 말라고 했으니 고흐의 마음은 처참했을 것입니다. 낙담하고 실의에 빠져 있던 그에게 동생 테오가 그림을 그려보라고 제안했고, 고흐는 화가의 길을 걷게 됩니다. 이렇듯 그가 가지 못했던 성직자로서의 길을 마지막 그림 속에 표현한 것이죠.

교황의 와인
샤토네프 뒤 파프

고흐에게 전해주고 싶은 와인이 있습니다. 바로 프랑스 남부 론Rhône 지역에서 생산하는 샤토네프 뒤 파프 Châteauneuf-du-Pape입니다.

중세 시대에는 가톨릭이 유럽인의 정신을 지배했습니다. 그런 탓에 서유럽의 그리스도교도들이 이슬람교도들로부터 최고의 성도인 예루살렘을 탈환하기 위해 무려 9회에 걸친 원정을 감행합니다. 바로 십자군 전쟁이지요. 그러나 전쟁에 실패하면서 가톨릭의 위상은 바닥으로 떨어지고, 반대로 왕권의 힘은 강해지기 시작합니다. 결국 프랑스 왕 필립 4세가 프랑스에 호의적이었던 클레멘스를 교황의 자리에 앉힙니다. 그리고 교황권Sacerdotium의 힘을 통제하기 위해 로마에 있던 교황청을 프랑스 남부 아비뇽으로 옮기죠. 이후 두 번째 교황 요한 22세는 아비뇽에서 북쪽으로 약 20km 떨어진 곳에 교황의 별장을 만들고 와인 생산자들을 불러들여 포도를 경작하고 와인을 생산합니다. 이것이 바로 샤토네프 뒤 파프로 교황의 새로운 성이라는 의미가 있는 특별한 와인

샤토네프 뒤 파프 상징

입니다. 흔히 앞 글자 스펠링을 따서 CDP 와인이라고 부릅니다.

샤토네프 뒤 파프는 와인 이름이자 마을 이름입니다. 이 지역은 강하게 내리쬐는 햇볕 덕분에 포도가 잘 여물고, 북쪽에서 불어오는 시원하고 건조한 미스트랄 바람 덕분에 포도에 신선함이 더해집니다. 즉, 강렬한 태양과 시원한 바람이 와인을 빚는다고 할 수 있습니다. 이런 기후 덕분에 무게감 있고 섬세하며 신선함까지 느낄 수 있는 복합적이고 매력적인 와인이 탄생하죠.

이곳에서 생산하는 와인의 97%는 레드 와인으로 13가지 포도 품종을 섞어 만들 수 있습니다. 그러나 현재 13가지 품종 모

도멘 뒤 바네레의 주인 장 클로드 비달 씨(위)와 1999년 와인(아래)

두 사용해 와인을 만드는 곳은 많지 않습니다. 다양한 품종을 섞어 와인을 만드는 게 쉬운 일이 아니기 때문이죠. 그리고 전통적인 양조 방법은 처음부터 13가지 품종을 섞어 발효 및 숙성시켜 완성하는 것입니다. 현재는 샤토네프 뒤 파프 생산자 대부분이 각 품종의 개성을 지키고 완성도를 더욱 높이기 위해 포도 품종별로 숙성시킨 후 블렌딩 작업을 통해 와인을 만들죠.

그럼에도 전통 방식을 고수하며 13가지 품종을 모두 섞어 발효 및 숙성시켜 와인을 생산하는 곳이 있습니다. 바로 도멘 뒤 바네레Domaine du Banneret입니다. 5헥타르의 작은 포도밭에서 레드, 화이트 딱 두 가지 와인만 연간 1만 3000병 정도 생산하는 작지만 명망 높은 CDP 대표 생산자입니다.

또 하나, 샤토네프 뒤 파프는 교황을 위해 만든 와인이다 보니 와인 병에도 특별함이 숨겨져 있습니다. 교황을 상징하는 모자인 삼중관과 예수의 제자이자 초대 교황인 베드로가 예수로부터 받았다는 천국과 지상 세계를 연결하는 열쇠가 양각으로 새겨져 있죠. 이는 종교적 의미가 깃든 와인임을 상징합니다.

그래서 고흐에게 이 와인 한잔 건네며 그가 걸어가고자 했지만 갈 수 없었던 성직자의 삶에 대한 아쉬움을 조금이나마 덜어보라며 위로하고 싶습니다.

◇

믿음

: 종교와 와인의 관계

신앙심이 담긴 작품

베로네세 <가나의 혼인잔치>

와인 역사에서 종교는 빼놓을 수 없습니다. 성서 속에는 와인과 관련된 수많은 이야기가 등장하죠. 혹시 예수가 세상에 행한 첫 번째 기적이 와인과 관련 있다는 것을 알고 있나요?

요한복음 2장 1절부터 12절까지의 이야기를 보면 이 사실을 확인할 수 있습니다. 어느 날 갈릴리 가나에서 혼인 잔치가 열립니다. 이곳에 성모 마리아와 예수, 그리고 제자들이 초대받죠. 하지만 준비한 포도주가 부족해 잔치 중간에 포도주가 똑 떨어집니다. 이에 성모가 예수에게 말합니다. "포도주가 없구나." 그러자 예수가 어머니 성모에게 대답하죠. "저에게 무엇을 바라십니까? 아직 저의 때는 오지 않았습니다." 이에 성모는 일꾼들에게 무엇이든 예수가 시키는 대로 행하라고 이야기합니다. 그러자 예수가 잔치 자리 한쪽에 놓인, 유대인들이 정결례(더러움을 씻는 종교 의식)에 쓰는 돌로 된 물동이 6개에 물을 가득 채워오라고 말합니다. 일꾼들은 물동이에 물을 가득 채워왔고 예수는 그것을 포도주로 바꾸어 잔치가 지속될 수 있게 만들었죠. 이것이 예수가 처음 세상에 일으킨 기적과 표징(하느님의 능력을 드러내는 특징)으로, 이를 보고 제자들이 예수를 믿게 되었다고 성서에 적혀 있습니다.

이 성서 내용을 그린 <가나의 혼인잔치>Marriage at Cana를 볼까요. 16세기 이탈리아 베네치아 학파를 대표하는 파올로 베로네세Paolo Veronese의 작품입니다. 그림 중앙의 파란색 옷을 걸친 성모와 후광과 함께 빛나는 예수의 모습을 확인할 수 있습니다. 그리고 그 앞에 악기를 연주하는 오케스트라의 모습이 보이고, 다들 음악에 맞추어 흥겨운 시간을 보내는, 혼인 잔치가 무르익은 모습입니다.

그런데 성모와 예수가 입은 옷에 비해 주변 인물들의 옷은 각종 아름다운 무늬가 있고 색상이 화려합니다. 화가는 왜 이렇게 표현했을까요? 예수의 탄생과 기적에 관한 내용은 16세기 당시에도 수천 년 전 이야기입니다. 따라서 예수의 존재와 믿음을 의

파올로 베로네세, <가나의 혼인잔치>

심하는 이들도 있었을 테죠. 그래서 화가는 그가 살고 있는 화려한 베네치아의 모습 속에 예수와 성모의 모습을 그려놓음으로써 그분은 항상 우리와 함께하고 있다는 것을 사람들에게 상기시킨 것입니다.

또한 기독교에서는 숫자마다 의미가 있습니다. 숫자 1은 유일신 하느님을 나타내며, 2는 인간과 신의 영역을 모두 가진 예수를 뜻하고, 3은 성삼위일체(아버지, 아들, 성령 세 신격이 존재하지만 본질은 하느님 한 분이라는 교리)를 의미합니다. 그리고 7은 완전하고 완벽함을 나타냅니다. 하느님이 세상을 만드는 데 7일이 걸렸기 때문이죠. 그래서 6은 완전수 7에서 하나가 모자란 숫자이기에 불완전함을 상징합니다. 화가는 이 그림 곳곳에 불완전한 숫자 6을 표현했습니다. 한번 찾아볼까요? 첫 번째는 포도주로 변한 물이 담긴 6개의 물동이가 작품 하단에 표현되어 있습니다. 두 번째는 충절과 긍정적인 의미를 뜻하는 강아지 역시 6마리가 그려져 있습니다. 그럼 화가는 이 숫자를 통해 무엇을 말하고 싶었던 것일까요? 바로 우리가 살아가는 세상은 불완전함(6)으로 가득 차 있고, 완전해(7)지기 위해서는 오직 그분을 믿고 따라야 한다고 말하고 있는 것이죠.

<가나의 혼인잔치> 이야기는 예수가 물을 와인으로 바꿈으로써 세상에 일으킨 첫 번째 기적이기에 파올로 베로네세 외에

도 수많은 화가가 그림으로 그렸습니다. 그리고 현재 예수의 수난을 기념하는 의식인 성찬례 때 와인을 사용하고 있죠. 그 이유는 예수가 제자들과의 마지막 만찬에서 빵을 먼저 내어주며 이렇게 말합니다. "이는 너희를 위하여 내어주는 내 몸이다. 너희는 나를 기억하여 이를 행하여라." 그러고 난 뒤 포도주가 든 잔을 들고 제자들에게 다시 한번 말합니다. "이 잔은 너희를 위하여 흘리는 내 피로 맺는 새 계약이다(누가복음 22장 20절)." 즉, 빵과 포도주는 단순한 것이 아니라 성체와 성혈의 상징으로 현재도 성찬례 때 빵과 포도주를 사용하고 있습니다. 그래서 중세 시대부터 포도를 경작하고 와인을 만들던 곳은 수도원이었고, 와인을 관리하는 수도사들이 따로 있었던 것이죠.

우리나라 최초의 와인
미사주, 노블 와인, 마주앙

선교사 없이 가톨릭교가 퍼져나간 곳은 전 세계에서 우리나라가 유일하다고 합니다. 1784년 우리나라에 가톨릭교가 처음 들어옵니다. 조선의 실학자들이 중국에서 넘어온 천주교 소개 책을 읽고 감명해 그들 스스로 공부하고 믿으면서 확산되었기 때문이죠. 그러다 1795년 우리나라에서 첫 미사가 이루어지는데, 이때 사용한 미사주가 우리나라 최초의 와인입니다. 복자 윤유일 바오로가 만들었죠. 그는 서양의 술인 와인을 어떻게 만들 수 있었을까요? 1789년 10월 윤유일은 조선에 성직자를 파견해달라고 요청하기 위해 베이징에 있던 주교(가톨릭에서 교구를 관할하는 성직자)를 찾아갑니다. 그때 주교로부터 미사에 필요한 도구들과 포도나무 묘목, 포도 재배 방법과 미사주 담그는 방법을 전해 들었을 것이라고 추정하고 있죠. 교회법 924조 3항을 보면 "포도주는 포도로 빚은 천연의 것으로 부패하지 아니하여야 한다"고 명시되어 있습니다. 즉, 윤유일은 기타 이상한 재료를 사용해 허투루 미사주를 만든 것이 아니라, 순수하게 포도만 사용해 우리나라에서 최초로 서양의 술인 진짜 와인을 만든 것이죠.

그럼 우리나라에서 만든 최초의 상업용 와인은 무엇일까요? 바로 해태주조에서 만든 노블 와인Noble Wine입니다. 프랑스 보르도 스타일의 와인으로 1974년에 출시됐죠. 하지만 아쉽게도 지금은 이 와인을 만날 수 없습니다. 해태주조가 역사의 뒤안길로 사라지면서 이 와인도 자취를 감추었기 때문입니다.

국내 最初의 正統와인

프랑스 보르도 타입의
노블와인

● 世界의 모든 이름난 와인은
산화방지를 위해서 반드시 마개를
닫는 루뎅을 씌우고 있읍니다.
노블와인도 루뎅을 씌웁니다.

● 해태酒造는 프랑스 해네시와의
기술제휴로 브랜디를 비롯한
각종 洋酒를 生産하는 洋酒綜合메이커—,
노블와인은 해태酒造가 우리나라
最初로 生産한 正統와인입니다.

● 와인의 본고장은 프랑스—,
프랑스에는 産地에 따라 보르도와
브르고뉴 두타입의 와인이 있는데,
노블와인은 그중에서도 가장
正統인 보르도타입 입니다.
보르도 타입의 와인은 그
「마일드」하고 섬세한 맛으로인해
와인의 경상으로 불리웁니다.

● 주정은 世界水準인 12°
와인은 알칼리성 健康酒로
주정이 높지 않기 때문에
女性도 대등하게 마실 수 있으며,
식탁의 반주는 홈파티에도
가장 알맞는 술입니다.
노블와인은 640㎖ 큰병과
반주용 200㎖ 작은병이 있읍니다.

● 노블와인은 화이트,핑크,레드의
세종류가 있는데, 화이트는
껍질을 제거한 포도의 즙이나
패드포도로 만들기 때문에
핑크나 레드보다 高級입니다.
一般的으로 생선요리에는
화이트와인, 고기요리에는
핑크나 레드와인이 따라갑니다.

● 100% 純粹 과실주로 從來의 合成
포도주와는 根本的으로 다릅니다.
훈련 와인의 맛을 단번으로
생각하기 쉬우나 正統와인은
달지 않고, 독특한 신비로
테리케이트한 香醇을
지니고 있읍니다.

● 포도의 품종은 와인 양조에
가장 알맞는 시벨9110.
프랑스 보르도 지방과 기후 풍토가
비슷한 淸州지방에서生産된 것을
엄선해서 使用, 장기간 숙성
저장했기 때문에 진숙한
맛을 지니고 있읍니다.

● 해태는 항상 여러분의 건강을 위하여 좋은 제품만을 만들고 있읍니다.

洋酒의 名門
해태주조

우리나라의 최초 상업용 와인, 노블 와인
(출처 : 네이버 뉴스 라이브러리)

그러나 모든 노블 와인이 없어진 것은 아닙니다. 72병의 화이트 노블 와인이 여의도 국회의사당 아래 묻혀 있기 때문입니다. 이게 무슨 태권브이가 국회의사당을 뚫고 나오는 이야기냐고요? 믿기 어렵겠지만 사실입니다. 1975년 국회의사당을 만들 당시 건물 앞에 두 마리의 해태상을 놓기로 계획합니다. 예부터 해태를 화재를 막아주고 시비와 선악을 알고 판단하는 동물로 여겼기 때문이지요. 하지만 예산이 부족해 해태그룹으로부터 암수 한 쌍의 해태상을 기증받았는데, 이때 해태그룹에서 한 가지

현재까지 천주교 미사주로 사용 중인 마주앙
(출처 : 네이버 뉴스 라이브러리)

조건을 겁니다. 해태주류에서 생산한 1975년 노블 와인 72병을 해태상 아래 각각 36병씩 묻고, 100년 뒤인 2075년에 국가의 경사가 있을 때 건배주로 사용하기로 한 거죠. 그래서 지금도 국회의사당 해태상 아래 와인이 묻혀 있습니다. 앞으로 약 50년 뒤 이 와인의 모습을 실제로 볼 수 있을 텐데, 어떤 모습으로 변화했을지 궁금해집니다.

노블 와인에 이어 1977년에 출시된 우리나라의 두 번째 와인은 바로 마주앙Majuang입니다. 아마 많은 사람이 마주앙을 프랑스어라고 생각하겠지만, '마주 앉아 즐긴다'라는 뜻을 가지고 있습니다. 노블 와인과는 달리 마주앙은 40년 넘게 그 명백을 이어오고 있습니다. 1억 병이 넘는 판매를 기록 중이고, 현재 우리나라 천주교에서 미사주로 마주앙을 사용하면서 우리나라 와인의 산 역사로 자리매김했죠.

이 외에도 진로에서는 샤또 몽블르Chateau Montbleu, 대선주조에서는 샴페인 그랑 주아Grand Joie를 만들기도 했습니다. 이런 와인들이 만들어지면서 국내 와인 양조 시장의 초석을 다졌고, 이를 바탕으로 최근 국내 와인 시장은 눈부신 성장을 거듭하게 되었습니다. 현재 전국에 150여 개의 와이너리가 있으며 포도뿐 아니라 감, 사과, 복숭아 등 국산 과일을 이용해 다양한 와인을 만들어 많은 사랑을 받고 있습니다.

레드 와인을 만들 때 주로 사용하는 품종은 캠벨입니다. 처음에는 캠벨은 와인으로 만들기에 적합하지 않다고 인식되었습니다. 하지만 많은 시행착오를 거치면서 현재는 품질이 좋아졌고, 많이 무겁지 않고 편하게 마실 수 있는 스타일로 생산하고 있습니다. 그리고 화이트 와인은 우리나라 농촌진흥청 원예과학원에서 1993년에 개발한 청수라는 청포도를 이용해 생산하고 있습니다. 청수로 만든 화이트 와인은 깔끔하고 부드러운 산미가 매력으로 잡채, 배추전, 각종 나물무침과 잘 어울리고, 캠벨로 만든 레드 와인은 떡갈비, 돼지갈비, 육회 등과 함께 마시면 그

마주앙 레드 와인(왼쪽)과 화이트 와인(오른쪽)
(출처 : Wikimedia Commons, Marmall4)

어떤 와인보다 궁합이 좋아 즐거운 시간을 보낼 수 있을 겁니다.

종교를 통해 발전한 서유럽의 와인처럼 우리나라의 와인도 종교 때문에 시작되었다는 사실이 참 흥미롭습니다. 몇천 년의 역사를 이어오며 천천히 성장을 거듭한 서유럽의 와인들은 현재 대부분 최정상의 자리를 지키고 있습니다. 그에 반해 우리나라 와인의 역사는 아직 50여 년밖에 안 되는, 걸음마도 제대로 떼지 못한 아이에 불과하죠. 하지만 우리가 더 애정을 가지고 우리나라 와인을 지켜보고 더욱 발전시키기 위해 노력한다면, 우리도 곧 유럽 유수의 와인 못지않은 와인을 생산할 수 있으리라 생각합니다.

◇

행복

: 프랑스 파리를 담은 와인과 그림

◇

파리에서 생산하는 와인

몽마르트르 와인

　프랑스의 수도 파리Paris에서도 와인을 생산하고 있
다는 사실 알고 계신가요?

　포도를 재배할 수 있는 위도는 30~50° 사이입니다. 이 외의
지역은 기후가 너무 춥거나 더워 포도나무가 생존하기 어렵기
때문이죠. 파리는 위도가 약 48.9°로 포도 재배 한계선 위치에
있습니다. 과거에는 파리와 파리 근처 지역에서 와인을 많이 생
산했습니다. 하지만 18세기를 지나며 병충해로 인해 포도밭이
황폐화되면서 생산량이 급격히 줄어들었습니다. 그리고 도시가
확장되고 가속화되면서 포도밭은 점차 자취를 감추게 됐지요.
하지만 1932년 오래된 몽마르트르Le vieux Montmartre라는 의미를

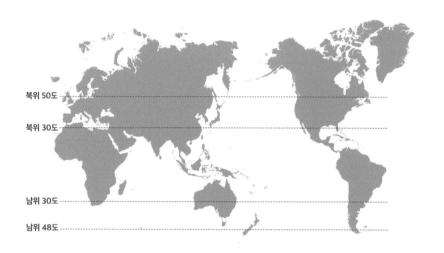

북위 50도

북위 30도

남위 30도

남위 48도

와인 생산이 가능한 와인 벨트 지도

지닌 한 단체에서 몽마르트르 정상에 약 2000그루의 포도나무를 다시 심어 와인의 역사를 되살립니다. 이후 1983년 720그루의 피노 누아Pinot Noir, 피노 뫼니에Pinot Meunier 품종을 파리 15구역의 조르주 브라상 공원Parc George Brassens에 심었고, 1996년 350그루의 소비뇽Sauvignon과 샤도네이Chardonnay 품종을 베르시 공원Parc de Bercy에 심었습니다. 1992년에는 벨빌 공원Parc de Belleville과 19구 뷔트 베르제르Butte Bergeyre 지역에 포도나무를 심으며 파리의 와인 역사를 되살리기 위해 지속해서 노력하고 있습니다.

현재 가장 역사가 오래된 몽마르트르 포도밭은 축구장의 약 1/6크기인 1556m²이며, 포도나무 약 1800그루가 있습니다. 이렇게 형성된 포도밭을 클로 몽마르트르Clos Montmartre라고 부릅니다. 클로Clos는 울타리, 담벼락이라는 의미입니다. 이 작은 포도밭에는 27가지 포도 품종이 자라고 있는데, 대부분은 가메Gamay(75%)와 피노 누아(20%) 품종으로 연간 약 1000병의 와인이 생산됩니다.

솔직히 여기서 생산하는 와인의 품질이 매우 좋다고 말하기는 힘듭니다. 왜냐하면 땅의 질과 강수량 등 테루아Terroir가 다른 곳이 더 훌륭하기 때문이죠. 하지만 저는 세상에 좋지 않은 와인은 없고, 나쁜 와인(가짜 와인)만 있다고 생각합니다. 와인 한 병에 생산자의 시간과 노력의 땀방울이 들어가 있는데, 이 모든 것을 제 입맛에 따라 좋은 와인 혹은 좋지 않은 와인이라고 평가하고 말하는 것은 생산자에 대한 예의가 아니라 생각하기 때문입니다.

몽마르트르의 와인 생산자들은 온힘을 다해 와인을 생산합니다. 그렇기에 포도를 기르고 수확하고 와인을 만들어 판매하기까지, 그 모든 순간은 특별하고 소중합니다. 이를 기념하기 위해 매년 10월 둘째 주에 몽마르트르 와인 축제가 열립니다. 모든 사

몽마르트르 포도밭 입구 모습(위)과 가지치기 중인 농부의 모습(아래)

몽마르트르 와인

람이 와인 잔을 하나씩 들고 몽마르트르를 활보하며 낯선 이들
과 이야기하고 춤추며 왁자지껄한 한때를 보냅니다. 몽마르트
르를 수십 년째 지키고 있는 화가와 주민부터 이곳을 처음 방문
한 세계 각지의 관광객까지 인종과 상관없이, 언어의 장벽을 넘
어 모두 와인과 함께 인생을 노래하고 순간의 행복을 느낍니다.
이 순간만큼은 그 누구에게서도 불행하거나 어두운 모습은 찾아볼 수 없습니다. 축제를 즐기며 행복해하는 사람들의 모습에서 한 화가의 그림이 연상됩니다.

몽마르트르 포도밭을 담은 그림
르누아르 <물랭 드 라 갈레트의 무도회>

일평생 행복과 즐거움만 노래한 화가가 있습니다. 19세기를 대표하는 인상파 화가 피에르 오귀스트 르누아르Pierre Auguste Renoir입니다. 그의 대표작 <물랭 드 라 갈레트의 무도회> Dance at Le Moulin de la Galette를 보겠습니다.

이곳은 19세에 인기 있었던 몽마르트르의 한 갱게트Guinguettes입니다. 갱게트는 야외에서 춤을 추고 술을 마실 수 있는 파리 외곽의 서양식 선술집입니다.

물랭Moulin은 방앗간이라는 의미이고, 갈레트Galette는 프랑스 브르타뉴Bretagne 지역의 전통 요리입니다. 즉, 작품 제목 '물랭 드 라 갈레트의 무도회'는 갈레트를 만드는 방앗간이라는 뜻인 거죠. 작품의 배경은 춤을 추고 술을 마시며 갈레트를 먹을 수 있었던 장소로, 당시 많은 파리지앵Parisien이 몰려와 즐거운 시간을 보내던 곳입니다.

현재 몽마르트르에는 이런 장소가 많이 남아 있습니다. 19세기 이전 몽마르트르는 행정 구역상 파리에 속해 있던 구역이 아닌 외곽에 자리한 작은 시골 동네였습니다. 수많은 방앗간이 있고, 수확한 밀을 빻아 밀가루를 만들어 파리로 납품하던 농촌이었죠. 하지만 19세기부터 대대적인 도시 개조 사업을 통해 파리는 새로운 신도시로 발돋움을 시작합니다.

그런데 이전 건축물을 허물고 새로운 건물을 짓기에 한 가지 문제점이 있었습니다. 부자들은 집이 여러 개여서 다른 곳으로 가서 살면 되지만, 가난한 사람들은 갈 곳이 없었던 거죠. 그래서 파리에서 땅값이 저렴했던 몽마르트르로 가난한 사람들을 이주시켰고, 불만이 나오지 않도록 행정 구역상 파리로 편입시켰습니다. 그리고 주세 면세 구역으로 지정합니다. 그렇다 보니 곡물을 빻아 생계를 이어가던 방앗간에서는 술이 훨씬 더 큰 이윤을 만든다는 것을 알고 술을 만들어 판매하기 시작했죠. 이러한 이유로 몽마르트르에는 술집이 많이 생겨났고, 가난한 화가들이 찾아와 술 한잔 걸치고 그림을 그리며 살아가던 곳이 되었습니다.

"그림이란 즐겁고 행복해야 한다. 가뜩이나 불쾌한 일투성이

피에르 오귀스트 르누아르, <물랭 드 라 갈레트의 무도회>

인 세상에서 굳이 그림마저 아름답지 않을 필요가 있는가?"

르누아르가 한 이 말처럼 그림에는 행복이라는 두 글자가 넘쳐흐릅니다. 그림 전반이 밝은 색감이라 따스함이 느껴지고, 나뭇잎 사이사이로 떨어지는 햇살들이 그림을 더욱 환하게 만들어줍니다. 그림 뒤쪽 연주자들에게서 흘러나오는 음악에 맞추어 서로의 손을 잡고 춤을 추며 사랑을 속삭이는 연인들이 보입니다. 그림 전면에는 친구들과 함께 술잔을 기울이며 즐거운 한때를 보내고 있는 젊은 파리지앵 모습도 보이고요. 그림 속 모든 사람의 얼굴과 표정에서는 근심 없이 이 순간을 즐기는 행복함이 그대로 전해집니다. 이 그림을 관람하는 우리 또한 흐뭇한 미소를 지을 수밖에 없는 르누아르의 대표 작품이지요.

참 흥미로운 사실은 이 그림의 배경이 된 장소는 몽마르트르 포도밭에서 걸어서 고작 5분 거리이며, 화가 르누아르가 살던 곳은 그 포도밭 바로 옆이라는 점입니다. 르누아르 살아생전에는 이 포도밭이 존재하지 않았으니 여기서 만든 와인을 맛볼 수는 없었지만, 이곳에서 만든 와인을 즐기며 행복해하는 사람들의 모습을 하늘에서 흐뭇하게 바라보고 있지 않을까요?

언젠가 몽마르트르 언덕에서 그의 그림을 떠올리며, 몽마르트르 와인 한잔과 함께 행복한 순간을 경험해보길 바랍니다.

3장

◇ ◇ ◇

명화 속
와인

와인 라벨은 가문의 문장 혹은 포도원의 모습을 넣어 만드는 것이 일반적이었습니다. 하지만 세월이 흐르면서 와인이 하나의 종합 예술로 자리매김하게 되었고, 예술가들과의 협업을 통해 새로운 시도를 하며 자신들이 생산한 와인의 가치를 올리고 있습니다. 피카소, 샤갈, 달리, 괴테, 에밀 갈레 등 유명 작가들을 비롯해 우리나라의 방혜자 화백, 이우환 화백에 이르기까지 많은 예술가의 손에서 탄생한 작품을 와인 라벨과 병에서 볼 수 있습니다. 어떤 와인이 어떤 예술 작품과 함께 어떤 이야기를 담아내려 했는지 알아보겠습니다.

32

염원

: 자유와 영광을 되찾고 싶은 마음

평화를 바라며 그린 그림

괴테 <자유의 나무>

"나쁜 와인을 먹기엔 인생은 너무 짧다!"

독일을 대표하는 철학가이자 문학가인 요한 볼프강 폰 괴테 Johann Wolfgang von Goethe가 한 말입니다. 이 문장에서 유추할 수 있듯이 그는 와인 애호가였습니다.

어느 날 한 사람이 괴테에게 물었습니다. "만약 무인도에 3가지만 가지고 가야 한다면 무엇을 선택하겠습니까?" 이에 괴테는 다음과 같이 답하죠. "시집과 아름다운 여인, 그리고 메마른 시대에 살아남을 수 있는 좋은 와인을 넉넉히 가지고 갈 것이다."

그 사람이 다시 물었습니다. "만일 그중 한 가지를 버려야 한다면 무엇을 버리시겠습니까?" 이에 괴테는 망설임 없이 "시집"

이라고 답하죠.

마지막으로 그 사람이 묻습니다. "그럼 아름다운 여인과 와인 중에서 한 가지만 남겨야 한다면 무엇을 버리겠습니까?" 생각에 잠겼던 괴테가 단호히 답합니다. "그건 빈티지에 따라 다르지!"

빈티지가 좋은 와인이라면 아름다운 여인을 대신할 수 있다고 재치 있게 답한 것만 보아도 괴테의 와인 사랑이 얼마나 대단했는지 알 수 있습니다. 그런 그의 와인 사랑을 알았던 걸까요? 독일 모젤Moselle 지역의 최고 (스파클링 와인) 젝트Sekt 생산자 SMWSaar-Mosel-Winzersekt는 괴테를 위한 와인 디히터트라움Dichtertraum을 생산합니다. '시인의 꿈'이라는 의미를 가진 이 와인의 라벨에는 괴테의 실루엣과 그가 그린 그림이 있습니다.

이 와인과 라벨의 그림을 이해하기 위해서는 먼저 역사적인 사건을 알아야 합니다.

1789년 파리 시민들이 일으킨 바스티유 습격이 성공하자 혁명의 물결이 프랑스를 넘어 전 유럽으로 확산됩니다. 이 혁명을 탐탁지 않게 여기며 왕정 체제를 선호하던 오스트리아, 프로이센, 영국, 러시아 등은 프랑스 왕당파와 손을 잡고 1792년부터 프랑스 혁명군과의 전쟁을 시작합니다. 이때 괴테는 프랑스 혁명 정부 편에 서서 전쟁에 참여했지만, 계속 패전을 거듭하며 고전을 면치 못합니다. 하지만 1792년 9월 20일 프랑스 동쪽 발미

디히터트라움 젝트 라벨

에서 기적으로 승리를 거두어 상황을 역전시킵니다. 이 전쟁에
참여했던 괴테는 말합니다.

"오늘 여기서부터 새로운 세계의 역사가 시작될 것이고, 당신
들은 그것을 보았노라고 감히 말할 수 있을 것이다."

357

이후 괴테는 독일 바이마르로 돌아가던 길에 독일, 프랑스, 룩셈부르크의 경계를 이루는 모젤 강변의 셍겐 도시를 지나며 <자유의 나무>Liberty pole at the French border at the Moselle를 그립니다.

아이들이 허겁지겁 언덕으로 올라 그림 가운데 그려진 자유의 나무를 손으로 가리키고 있습니다. 상단에 걸려 있는 것은 프리지아 모자입니다. 고대 로마의 노예들이 해방을 맞아 썼던 모자로 자유를 나타냅니다. 즉, 프리지아 모자를 쓴 자유의 나무는 프랑스 혁명의 성공을 상징하는 것으로, 당시 프랑스에 6만 개 넘게 세워져 있었다고 합니다. 마치 우리나라의 마을 입구마다 서 있었던 장승처럼 말이죠. 하지만 셍겐 도시는 당시 프랑스 혁명군과는 적대국이었던 룩셈부르크의 영토였기에 실제로 자유의 나무가 있지는 않았다고 합니다. 괴테가 도시 모습만 스케치하고 후에 유럽의 평화를 기원하는 마음으로 자유의 나무를 그려 넣었던 것이죠. 그리고 그 바람을 담아 괴테는 그림 속 기둥 하단에 한 문장을 적어두었습니다.

"지나가는 이들이여, 이 땅은 이제 자유이다Passants, cette terre est libre."

그로부터 193년 뒤인 1985년, 셍겐조약이 체결되며 괴테가 바랐던 자유와 평화의 꿈이 이루어집니다. 어떠한 제약 없이 자유롭게 서로의 나라를 오갈 수 있게 만든 조약으로 프랑스, 독

볼프강 폰 괴테, <자유의 나무>

일, 룩셈부르크, 벨기에, 네덜란드 총 5개국이 처음 모여 서명하고, 점차 확대되어 현재는 대부분의 유럽 국가가 서명했습니다. 그리고 1992년에는 혁명전쟁 200주년 기념행사에서 SMW 와이너리가 괴테의 뜻을 기리기 위해 시인의 꿈이라는 디히터트라움 와인을 만들어 후원합니다.

독일 발포성 와인

SMW 모젤 와인

유럽의 자유와 평화가 시인 괴테의 꿈이었다면, 이 와인에는 생산자인 아돌프 슈미트Adolf Schmitt의 꿈이 담겨 있습니다.

한때 프랑스를 제치고 최고의 와인을 생산하던 독일은 세계대전을 거치며 와인 산업이 무너집니다. 당시 독일 와인 산업의 주축을 이룬 건 유대인이었는데, 히틀러가 유대인들을 학살하면서 산업 기반이 무너졌기 때문입니다. 그리고 승전을 거둔 미국 병사들이 전리품으로 고품질 와인을 마구 훔쳐갔고, 독일 와인 생산자들은 그들에게 공급하기 위한 싸구려 와인을 생산하기 시작합니다. 어느 나라에서 온 건지도 모르는 포도들을 섞어 공장에서 대량 생산하고, 정체성 없는 싸구려 젝트들이 시장을 점령하면서 독일의 오랜 고급 스파클링 와인의 전통이 점점 사라졌습니다. 이때 독일에서 가장 먼저 그 전통을 되살리고자 노력한 인물이 SMW의 수장 아돌프 슈미트입니다.

흔히 기포가 있는 발포성 와인을 샴페인이라고 칭합니다. 하지만 이 명칭은 프랑스 샹파뉴 지역에서 만드는 발포성 와인에만 붙일 수 있고, 다른 곳에서 생산하는 발포성 와인은 다른 이름으로 부릅니다. 프랑스에서는 크레망Crémant 혹은 무소Mousseaux, 이탈리아는 스푸만테Spumante, 스페인은 카바Cava, 독일에서는 젝트Sekt라고 부르지요.

특히 독일 모젤 지역의 주된 포도 품종인 리슬링Riesling이 젝트에 아주 적합하다는 것을 깨달은 슈미트는 포도 선별부터 생산까지 모든 과정을 수작업으로 진행했고, 이런 그의 노력은 천천히 결실을 거둡니다. 독일의 수많은 품평회에서 수상한 것은 물론 1994년에는 와인 매거진 <셀렉션>Selection이 세계의 저명한 스파클링 와인 168개를 모아 진행한 블라인드 테이스팅에서 1위를 차지했으며, 여러 차례 독일 최고 젝트 생산자라는 영예를 안습니다. 그리고 2015년 제65회 베를린 국제영화제의 공식 와

인으로 지정되면서 독일 와인의 명성을 되찾으려 한 그의 오랜
꿈이 이루어집니다.

　사진 속 인물이 바로 아돌프 슈미트입니다. 2014년 SMW에
방문했을 때 와인 동굴 카브Wine Cave에서 젝트 병에 가라앉은 와
인 찌꺼기들을 보여주기 위해 와인 병을 들어 올렸을 때의 모습
입니다. 저 자세로 몇 분 동안 계속 설명을 이어가던 모습이 얼
마나 멋있던지, 허겁지겁 카메라를 꺼내 초점이 맞는지도 모르
고 셔터를 눌렀습니다.

SMW의 수장 아돌프 슈미트,
숙성 중인 병을 들어 찌꺼기를 확인하고 있다.

"꿈을 계속 간직하고 있으면 반드시 실현될 때가 온다."

괴테의 말처럼 이 와인 한 병 속에는 자유를 갈망했던 괴테의 꿈과 독일 와인의 영광을 재현하고자 했던 슈미트의 꿈이 함께 담겨 있습니다. 우리도 우리의 꿈이 실현될 그날을 기다리며 자기 일을 묵묵히 수행한 이 두 명의 독일인과 함께 와인 잔을 기울여보면 어떨까요?

◇

변화

진화하는 와인 라벨

보르도 등급 체계
그랑 크뤼 클라세

예술과 가장 밀접하고 함께 발전해나가는 대표적인 와인을 꼽으라 할 때 보르도에서 생산하는 샤토 무통 로칠드Château Mouton Rothschild를 빼놓을 수 없습니다. 해마다 시대를 대표하는 다양한 예술가들과 협업해 라벨을 디자인하면서 예술적 가치를 더하고, 브랜드의 가치를 끌어 올리고 있기 때문이죠. 그렇다고 단순히 마케팅만 잘하는 것은 아닙니다. 샤토 무통 로칠드는 품질도 훌륭해 보르도 와인 등급 그랑 크뤼 클라세Grands Crus Classés 1등급Premiers Crus에 이름을 올린 명성 높은 와인입니다. 하지만 예전에는 2등급Deuxièmes Crus에 속한 와인이었죠. 그럼 어떻게 1등급으로 승격되었고, 보르도 등급 체계는 어떻게 되는지 잠시 알아볼까요?

　1855년 파리에서 만국 박람회가 열립니다. 만국 박람회는 1851년 영국의 수정궁에서 최초로 시작됐는데, 당시의 과학, 건축, 예술, 상업, 농업 등 모든 분야에 걸쳐 다양한 상품을 전시하고 홍보하면서 자신들의 앞선 기술력과 문화력 등을 보여주는 자리였습니다. 1851년 영국의 만국 박람회가 성공적으로 개최되자 프랑스도 1855년에 만국 박람회를 개최했고, 전 세계에 프랑스 와인의 우수성을 보여주기 위해 당시 황제였던 나폴레

라벨 디자인이 매년 달라지는 샤토 무통 로칠드 와인

옹 3세의 명령으로 와인 등급 체계를 처음 만듭니다. 보르도 상공회의소와 와인상 연합회에서 보르도 지역의 우수 와인을 선정했는데, 이때는 해당 와인의 전통과 명성, 판매 가격대를 선정 기준으로 삼았습니다. 그렇게 선정한 와인은 보르도 메독 Médoc 지역에서 생산한 57개의 레드 와인과 보르도 남쪽 소테른 Sauternes과 바르삭 Barsac 지역에서 생산한 25개의 스위트 화이트 와인이었습니다. 57개의 레드 와인은 1등급부터 5등급까지 등급이 나뉘었죠.

그 당시 서류를 보면 1등급에 해당하는 와인은 3000프랑 이상의 값어치를 지녔고, 2등급은 2500~2700프랑, 3등급은 2100~2400프랑, 4등급은 1800~2100프랑, 그리고 5등급은 1400~1600프랑의 가치를 지녔다고 평가한 것으로 기록되어 있습니다. 당시의 1프랑은 지금의 약 3.27유로 정도이니 1등급 와인은 현재 가치로 약 1만 유로(한화 약 1400만 원)에 해당하는 어마어마한 가치를 지닌 와인이었죠. 당시 1등급으로 선정된 와인은 라피트 로칠드 Lafite Rothschild, 라투르 Latour, 마르고 Margaux 그리고 오브리옹 Haut-Brion 단 4가지뿐이었습니다. 오브리옹은 메독 지역이 아닌 남쪽의 그라브 Grave 지역에 있지만 워낙 품질이 좋아 당시 함께 선정되었죠. 그 외 2등급은 12개, 3등급은 14개, 4등급은 11개, 5등급은 16개의 와인이 선정되었습니다.

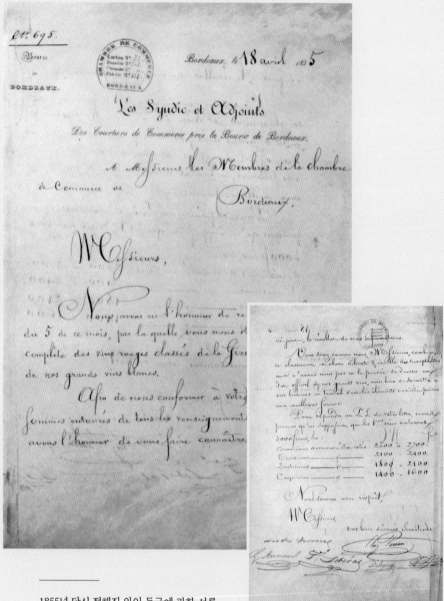

1855년 당시 정해진 와인 등급에 관한 서류

이렇게 정해진 등급 체계는 160여 년이 지난 지금까지도 변화 없이 그 전통을 그대로 지키고 있습니다. 다만 두 번의 큰 변화가 있었는데, 첫 번째는 1855년 등급 제정 시 누락되었던 캉트메를르Cantemerle가 같은 해 9월 16일 5등급에 추가가 된 것이고, 두 번째는 무려 118년이 지난 1973년에 2등급이었던 무통 로칠드가 1등급으로 승격된 것입니다. 등급 체계에서 유일하게 승격된 무통은 혁신적인 변화와 노력을 통해 1등급에 이름을 올리게 되었습니다.

무통 로칠드가 1등급이 되기까지, 그 중심에는 바롱 필립 드 로칠드Baron Philippe de Rothschild라는 인물이 있습니다. 그는 와인의 품질을 높이기 위해 각고의 노력을 기울였는데 그중 가장 큰 업적은 샤토Château(포도원)에서 직접 와인을 병에 담아 판매한 것입니다. 예전에는 보통 와인을 큰 통에 담아서 판매했습니다. 샤토에서 양조 작업을 통해 와인을 만들고, 바로 통에 담아 중간 상인인 네고시앙Négociant에게 판매했죠. 그러면 네고시앙들이 자신들의 카브Cave(와인 저장고)에 보관하면서 일정 기간 숙성시킨 후 병입해 소비자에게 판매했습니다. 한마디로 와인의 숙성은 중간 상인인 네고시앙의 몫이었죠.

하지만 모든 네고시앙이 좋은 카브를 소유하고 있는 것이 아니고, 생산자만큼 세심하게 와인에 신경을 쓰지 않았기 때문에 최종 소비자들은 좋은 품질의 와인을 만날 기회가 적었습니다. 그러자 바롱 필립은 오크통 숙성에서부터 병입까지 모든 과정을 직접 샤토에서 완료하는 방법을 1924년 처음 시행합니다. 와인의 품질을 한 단계 높인 거죠.

그리고 라벨에 샤토에서 병입했다는 의미인 "Mis en bouteille au Château"라는 문구를 새겨 넣었습니다. 이것은 생산자가 마지막까지 책임진다는 의미로 당시에는 정말 혁신적인 방법이었고, 큰 성과를 얻게 됩니다. 이후 보르도뿐 아니라 프랑스를 넘어 전 세계 와인 생산자들 대부분이 직접 병입을 하게 되었지요.

라벨이 중요해진 계기

아티스트 작품이 들어간 라벨

중간 상인인 네고시앙에서 생산자로, 생산자가 직접 병입을 하게 되니 라벨 디자인도 신경 쓰게 되고 중요성도 커졌습니다. 라벨이 그 와인의 출처와 품질을 보증하는 하나의 상징이 되었기 때문이죠. 이에 바롱 필립은 1924년 그래픽 디자이너였던 장 카를뤼Jean Carlu에게 의뢰해 라벨을 디자인했습니다. 1945년에는 제2차 세계 대전의 승리를 축하하며, 예술가 필립 줄리앙Philippe Julian에게 무통 라벨 디자인을 의뢰해 승리의 V를 그려 넣었습니다. 이 이후부터 매해 당대를 대표하는 예술가들의 그림으로 라벨을 제작합니다. 1947년은 장 콕토Jean Cocteau, 1955년은 조르주 브라크George Braque, 1958년은 살바도르 달리Salvador Dali, 1969년은 호안 미로Joan Miró, 1970년은 마르크 샤갈Marc Chagall, 1971년은 바실리 칸딘스키Wassily Kandinsky 등이 디자인을 맡았죠. 그리고 1973년에는 세기의 거장이라 불리는 파블로 피카소Pablo Picasso의 그림이 라벨을 장식합니다.

사실 이 그림은 라벨에 사용하고자 피카소에게 직접 의뢰한 것은 아닙니다. 피카소 사후 그를 기리는 의미로 1973년, 바롱 필립 자신이 소장한 피카소의 <바쿠스 축제>Bacchanale라는 작품을 피카소 가족의 허락을 받아 라벨에 사용한 것이죠. 바쿠스 축제는 기원전 고대 로마 시절부터 행한 술의 신 바쿠스를 위한 의식으로, 사람들은 술을 함께 마시며 그날을 즐겼다고 합니다. 피카소의 그림 속에서도 와인 잔을 든 사람들이 흥겹게 춤을 추며 인생의 즐거움을 느끼고, 삶을 노래하며 기쁨의 순간을 만끽하고 있습니다. 그리고 1973년은 피카소가 사망한 해로 라벨 속 그림 위쪽에 "피카소에게 경의를 표하며en hommage à Picasso"라는 문

1973, en hommage à *Picasso* (1881·1973)

PABLO PICASSO. BACCHANALE. MUSÉE DE MOUTON

Philippe de Rothschild

Château
Mouton Rothschild

1973

PREMIER CRU CLASSÉ EN 1973

PREMIER JE SUIS , SECOND JE FUS

MOUTON NE CHANGE

LE BARON PHILIPPE PROPRIÉTAIRE
APPELLATION **PAUILLAC** CONTRÔLÉE
PRODUCE OF FRANCE
73 cl TOUTE LA RÉCOLTE MISE EN BOUTEILLES AU CHÂTEAU

구를 바롱 필립이 직접 써서 그의 죽음을 위로하고 있습니다. 마치 하늘에서도 무통 로칠드 와인과 함께 흥겹게 춤을 추고 즐겁게 지내라는 이야기를 피카소에게 건네고 있는 것만 같습니다.

참고로 1973년은 무통 로칠드에 가장 상징적이고 역사적으로 중요한 해입니다. 바로 와인의 품질을 높이기 위한 많은 노력을 인정받아 와인 등급이 2등급에서 1등급으로 승격되었기 때문이죠. 그래서 바롱 필립은 라벨 하단부에 왕관의 이미지와 더불어 한 문장을 적어 놓았습니다. "나는 지금 1등급이다, 나는 2등급이었다, 무통은 변하지 않는다PREMIER JE SUIS, SECOND JE FUS, MOUTON NE CHANGE."

이후로도 앤디 워홀Andy Warhol, 키스 해링Keith Haring, 제프 쿤스 Jeff Koons, 데이비드 호크니David Hockney 등 세계적인 예술가들이 참여해 무통 로칠드의 라벨을 수놓았습니다. 그리고 2013년에는 우리나라의 이우환 작가가 무통 로칠드 라벨 디자인을 했지요. 그는 현대 미술의 동향을 주도하는 작가 중 하나로 최소한의 표현을 통해 대상을 더욱 뚜렷하게 만들고, 주변에 남겨진 여백을 통해 관람자 스스로 사색하며 영감을 받을 수 있게 하는 것으로 유명합니다. 그가 디자인한 무통 로칠드 라벨을 보면 베이지색 배경 속에 단출해 보이나 힘 있는 붓 터치로 그린 자줏빛 모양을 볼 수 있습니다. 옅은 색에서 점점 짙어지는 와인의 자줏빛을 표

우리나라의 이우환 작가가 참여한 2013년 무통 로칠드 라벨

현해 무통 로칠드 와인의 깊이감과 우아함을 잘 보여주고 있죠.

우리는 와인을 마실 때 최고의 마리아주를 위해 좋은 음식을 이야기하고 함께 음미합니다. 하지만 무통 로칠드는 여기에서 한 걸음 더 나아가 예술을 추가해 와인을 하나의 종합 예술로 만들었습니다. 1855년 재정되어 현재까지 변하지 않고 굳건히 자리를 지키고 있는 보르도 와인 등급. 각고의 노력을 통해 유일하게 보르도 1등급으로 승격된 와인 샤토 무통 로칠드와 그 명성에 걸맞게 라벨에 새겨진 시대를 대표하는 작가들의 작품을 함께 느껴보길 바랍니다.

34

시절

병에도 꽃을 피우던 벨 에포크

가장 아름다웠던 시절의 유리 공예

갈레 <잉어 그릇>

"그때가 참 좋았어."

우리는 가끔 과거를 회상하며 좋았던 시절을 추억합니다. 프랑스 파리가 가장 아름다웠던 때는 19세기 말부터 20세기 초까지로 프랑스인들은 이때를 추억하며 벨 에포크$_{Belle\ Époque}$라고 부릅니다. 벨$_{Belle}$은 아름답다, 에포크$_{Époque}$는 시절, 시대라는 의미로 아름다웠던 시절이라는 뜻입니다.

19세기 파리는 그야말로 격동의 중심지로 새로운 생각과 예술이 꽃을 피워나갔습니다. 사진기가 발명되면서 사진처럼 잘 그린 그림은 필요 없게 되고, 튜브 물감이 발명되면서 화가들은 붓과 이젤을 들고 밖으로 나가 광활한 자연의 모습을 빛과 함께 화폭에 담아내기 시작했죠. 또한 계몽주의 철학이 등장하면서 사람들의 생각이 트이고, 이는 민주주의의 서막이 되었습니다. 여기에 산업혁명을 통해 기계화, 공업화가 이루어졌고, 증기기관차가 발명되고 증기선이 나오면서 사람들은 먼 곳까지 여행을 떠날 수 있게 되었습니다.

그러나 산업혁명이 일어나고 과학 기술이 발전했지만 대량 생산된 획일화된 제품은 예술성이 떨어져 이에 대한 반발이 나타나기 시작했습니다. 이렇게 세상에 등장한 새로운 예술이 아르 누보Art Nouveau입니다. 아르Art는 예술, 누보Nouveau는 새롭다는 뜻으로 이전 시대의 미술 공예 운동에 뿌리를 두고 있습니다.

제품 생산의 기계화로 인해 수공예의 위기가 찾아왔고, 기계 만능주의가 우리 생활 속의 아름다움을 없애버리지 않을까 하는 우려의 목소리가 커졌습니다. 그래서 과거의 섬세하고 정밀한 예술품들을 되살리기 위해 미술 공예 운동이 일어나죠. 미술 공예 운동은 과거 전통적인 것을 따르는 성격이 강합니다. 반면 이 이후에 생긴 아르 누보는 과거의 양식에서 탈피해 새로운 조형미를 찾는 성격이 강합니다. 그래서 특히 자연으로부터 영감을 얻어 꽃과 식물을 비롯해 아름다운 곡선의 미를 살려 유연하고 유기적인 움직임이 느껴지는 작품이 많았습니다.

또한 당시 건축을 비롯해 예술계에 새로운 소재로 대두되었던 것이 철과 유리였습니다. 가소성이 좋아 성형을 자유롭게 할 수 있어 그 어떤 재료보다 아르 누보의 아름다운 곡선과 유기적인 형태를 만들어내기 좋았죠. 그래서 많은 예술가가 이를 이용해 자신의 예술적 감각을 뽐냈습니다. 특히 유리 공예가 급속도로 빠른 발전을 이뤄 유리 공예의 르네상스가 일어납니다. 이 선두에 서 있던 대표적인 인물이 에밀 갈레Émille Gallé입니다.

그는 유리 위에 다른 색 유리를 덮어 기본 형태를 만든 후 도구를 이용해 섬세하게 유리를 깎아 문양을 만들거나 모양을 새겨 넣는 카메오 유리 세공법, 또는 에나멜 색채 장식 기법을 이용해 화려하고 아름다운 작품들을 탄생시켰습니다. 그리고 19세기 서유럽의 많은 예술가가 일본 미술의 영향을 받았듯, 에밀 갈레도 일본 미술에서 강한 영향을 받았습니다.

1878년 파리 만국 박람회 때 출품한 에밀 갈레의 작품 <잉어 그릇>Vase The Carp에서 일본 작가 가쓰시카 호쿠사이의 작품 <관세음 어람도>의 잉어 모습을 그대로 인용, 매화와 벚꽃 무늬를 함께 표현한 것을 볼 수 있습니다. 유리 위에 세밀하게 그린 잉어의 모습이 잔 속에 물이 채워지면 당장이라도 뛰어오를 듯 사실적으로 표현된 것을 확인할 수 있죠.

그의 작품 하나를 더 볼까요? 그의 말년에 만든 유명 작품 <버섯 램프>Mushroom Lamp입니다. 이 작품의 모티프가 된 버섯은 처

에밀 갈레, <잉어 그릇>

가쓰시카 호쿠사이,
<관세음 어람도>

음에는 달걀 모양으로 자라다가 삿갓 모양으로 성장해 아주 짧은 생을 살고 먹물처럼 사라져버린다고 합니다. 그래서 우리나라에서는 먹물버섯이라고 부르고, 일본에서는 하룻밤버섯ササク レヒトヨタケ이라고 부릅니다. 에밀 갈레는 이 하룻밤처럼 짧은 생을 사는 버섯의 모양을 사람의 인생에 비유해서 만들었습니다. 버섯이 자라나는 모습에 따라 청춘, 장년, 노년의 모습을 빗대었

에밀 갈레,
<버섯 램프>

죠. 노년기에 해당하는 버섯을 빛이 가장 은은하게 퍼지게끔 만들어 에밀 갈레의 세밀한 표현력을 느낄 수 있습니다. 그의 작품은 우리의 삶을 돌아보게 만들고, 어떤 삶을 살아나가야 하는지 고민하게 만드는 힘이 있습니다.

이 외에도 에밀 갈레는 자연에 존재하는 모든 동물과 식물의 모습을 자신의 유리에 녹여내면서 아르 누보를 대표하는 작가로 자리매김했습니다. 그의 작품은 제주도 유민 미술관에서 만나볼 수 있으니 한번 방문해 직접 감상해보길 권합니다.

갈레가 디자인한 와인 병
페리에 주에

유리 공예 부문에서 뛰어난 발자취를 남긴 에밀 갈레가 만든 와인 병이 있다는 것을 알고 있나요? 바로 샴페인 페리에 주에Perrier-Jouët입니다.

페리에 주에는 뛰어난 포도주 양조업자이자 식물학자였던 피에르 니콜라스 페리에Pierre-Nicolas Perrier와 노르망디 상인 집안

페리에 주에 벨 에포크 컬렉션(왼쪽),
페리에 주에 가문 컬렉션(오른쪽)

의 로즈 아델레이드 주에Rose-Adélaide Jouët가 결혼해 1811
년에 만든 샴페인 하우스입니다. 흥미로운 점은 이 둘
이 결혼할 당시 약 76년을 주기로 나타나는 핼리 혜성
이 나타났다고 합니다. 그래서 이 둘의 결혼은 하늘이
맺어주었고 별의 축복을 받았다고 말하죠. 이 로맨틱한
이야기 덕분에 현재 웨딩 샴페인으로 페리에 주에를 많
이 사용합니다. 대표적으로 우리나라 배우 김희선 씨가
결혼 피로연 샴페인으로 사용했고, 2011년에는 모나코
왕자의 결혼 피로연 술로 사용했습니다.

이런 로맨틱한 스토리 외에도 페리에 주에는 샴페인
역사에서 중요한 위치에 있습니다. 1842년 최초로 브뤼
Brut 스타일의 샴페인을 만들었기 때문입니다.

샴페인을 제조할 때 와인 속에 기포가 녹아들 수 있
도록 2차 발효를 병 속에서 진행합니다. 시간이 지나면
병 안에는 효모 찌꺼기를 비롯한 침전물들이 생기는데
이 침전물을 제거하기 위해 병목으로 침전물을 모으고,
병목 부분만 영하 20~30℃의 염화칼슘 용액에 넣어 순
간적으로 얼립니다. 그런 다음 뚜껑을 제거하면 와인
병 안의 기압으로 인해 얼린 침전물만 빠져나가 침전물
이 완전히 제거됩니다. 이 과정을 프랑스어로 데고르주

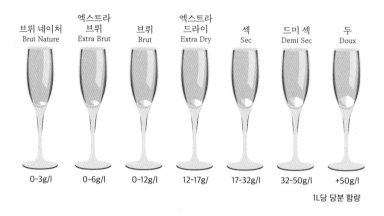

브뤼 네이처 Brut Nature	엑스트라 브뤼 Extra Brut	브뤼 Brut	엑스트라 드라이 Extra Dry	섹 Sec	드미 섹 Demi Sec	두 Doux
0-3g/l	0-6g/l	0-12g/l	12-17g/	17-32g/l	32-50g/l	+50g/l

1L당 당분 함량

당분 함량에 따라 달라지는 명칭

망Dégorgement이라고 하죠. 그리고 이 과정을 통해 유출된 소량의 와인을 다시 병에 보충하고 사탕수수 용액을 넣어 샴페인의 최종 당도를 결정하는데, 이 과정은 도자주Dosage라고 합니다. 도자주를 할 때 당분을 몇 그램이나 넣느냐에 따라 와인 스타일이 달라집니다.

브뤼는 1L당 0~12g의 당분이 들어간 것으로 우리가 마셨을 때 단맛을 거의 느낄 수 없습니다. 1L당 17~32g의 당분이 들어간 것을 섹Sec이라 하며, 여기서부터 우리가 와인을 마셨을 때 약간의 단맛을 느낄 수 있습니다. 과거의 샴페인은 모두 매우 달콤한 스타일이었습니다. 하지만 시간이 지나면서 소비자들이 점점 달콤한 샴페인을 멀리해 페리에 주에서 단맛이 없는 브뤼

스타일 샴페인을 최초로 만들었죠. 이런 시도 덕에 다양한 스타일의 샴페인이 탄생했고, 현재 다양한 음식과 함께 샴페인을 다채롭게 즐길 수 있게 되었습니다.

1902년 에밀 갈레는 페리에 주에 와인 병 디자인 의뢰를 받습니다. 에밀 갈레는 고민 끝에 아네모네 꽃으로 병을 장식합니다. 그는 왜 수많은 꽃 중 아네모네 꽃을 선택했을까요? 아네모네 꽃은 일명 바람꽃이라고도 합니다. 그리스 신화에서 미의 여신 아프로디테가 사랑한 미소년 아도니스가 죽을 때 흘린 피에서 탄생한 꽃이라고도 하죠. 너무나 아름다웠던 아도니스가 젊은 나이에 안타까운 죽음을 맞이했던 것처럼 바람만 불어도 꽃잎이 떨어지는 꽃이라 해서 바람꽃이라고 부릅니다. 그래서인지 아네모네 꽃은 속절없는 사랑, 허무한 사랑, 이룰 수 없는 사랑 등 꽃말이 슬픕니다. 하지만 색상에 따라서 꽃말이 조금씩 달라지는데, 하얀색 아네모네의 꽃말은 희망과 기대입니다. 에밀 갈레는 애절한 사랑 이야기 속에서 희망을 바라며 이 꽃을 새겨 넣은 게 아닐까 생각해봅니다.

이후 1964년에 에밀 갈레가 만든 4개의 매그넘 와인 병이 당시 셀러 책임자 안드레 바베렛André Baveret의 눈에 띄어 현재 페리에 주에를 대표하는 벨 에포크 퀴베Cuvée가 탄생합니다. 페리에 주에에는 기본 등급 샴페인으로 가문 컬렉션Collection Blason 시리즈가 있고, 위 등급으로는 벨 에포크 컬렉션Collection Belle Époque이 있습니다.

벨 에포크라는 이름은 세계 대전을 거치며 피폐해진 당시의 삶을 마주했던 사람들을 위로하고, 가장 찬란하고 아름다웠던 그때를 떠올리기 위해 붙였습니다. 로맨틱하고 우아한 페리에 주에 샴페인을 표현하기에 가장 적합한 이름인 것 같습니다. 이 와인을 잔에 따르면 백합과 아카시아 등 하얀 꽃의 향미가 두드러지며, 레몬과 청사과의 산뜻한 청량함이 코와 입을 즐겁게 만들어줍니다.

거기에 병에 새긴 에밀 갈레의 화사하고 아름다운 아네모네 꽃은 우아한 예술 작품으로서 이 와인을 더욱 빛내주고 있죠. 그래서일까요? 프랑스 황제 나폴레옹 3세와 영국 빅토리아 여왕을 비롯해 많은 유럽 왕실에서 사랑받는 샴페인 중 하나이며, 모나코 왕실에서는 1970년부터 모나코 최대 자선 행사 자리에서 공식 샴페인으로 사용하고 있고, 우리나라 대한항공에서도 미주 노선의 퍼스트 클래스 샴페인으로 사용하고 있습니다. 이렇듯 많은 이에게 사랑받는 페리에 주에는 우리의 인생에서 가장 화려하고 찬란한 순간을 축하하기 위해 준비된 최고의 샴페인 중 하나입니다.

"페리에 주에는 활기차고 역동적이며 독립적이고 자유로운 정신입니다. 아침 이슬처럼 밝고 상큼한 이 샴페인은 봄의 첫날을 축하하기에 제격인 샴페인입니다."

_페리에 주에 셀러 마스터, 세버린 프레슨Séverine Frerson

아름다운 에밀 갈레의 작품과 더불어 아름다운 기포들이 스며든 이 와인과 함께 가장 사랑하고 추억하고 싶은 나만의 벨 에포크 시대로 여행을 해보면 좋겠습니다.

한국

우리의 힘과 빛

샤르트르 대성당에 걸린 한국인 작품

방혜자의 스테인드글라스

요즘 우리나라의 음악과 드라마, 영화 등 수많은 문화 콘텐츠가 한류라는 이름으로 전 세계에 확산되고 있습니다. 그와 함께 우리나라 예술가들의 명성 또한 높아지고 있죠. 여기서 우리가 되돌아봐야 할 점이 있습니다. 이런 시대적 흐름의 바탕엔 이전부터 우리나라의 문화를 알리기 위해 노력한 분들의 땀방울이 있었다는 사실입니다.

몇 년 전 파리 근교 도시를 여행하다 방문한 샤르트르 대성당 Cathédrale Notre-Dame de Chartres에서 색색이 유리창을 통과해 성당 안으로 들어오는 화려한 빛에 감동해 스테인드글라스에 매료된 적이 있습니다. 이때 한쪽에 전시된 한 스테인드글라스에 마음을 뺏겼는데 알고 보니 우리나라 방혜자 화백의 작품이었습니다.

1961년 그녀는 단돈 200달러를 들고 혈혈단신 파리에 도착해 그림에 매진했고, 현재 세계에서 인정받는 한국 현대 미술을 대표하는 작가 중 한 명이 되었습니다. 1981년부터 프랑스에서 프

방혜자 화백의 모습, Photo de Sylva VILLEROT © banghaija.com

랑스인들에게 서예를 가르치고, 1988년부터는 한글 및 한문 서예 강의를 하며 우리 문화를 프랑스를 비롯한 세계에 알린 인물입니다.

'빛의 화가'라는 수식어가 항상 함께하는 방혜자 화백은 자신의 화폭에 빛을 그리기 위해 일평생을 노력했습니다. 그녀는 광물성 분말 혹은 식물성 염료 등 자연에서 얻을 수 있는 천연 재료를 사용해 그림을 그립니다. 한쪽 면에 물감을 칠하고 말린 뒤 뒷면에 다시 한번 붓질을 합니다. 그러면 앞면에 그린 그림의 색이 살아나게 되죠. 그녀는 이 과정을 반복해 세상에 없던 새로운 색을 만들어 세상의 빛을 화폭에 담아냅니다. 그래서일까요? 그녀의 작품에서 느껴지는 색은 부드럽고 섬세합니다. 마치 아침 안개 속으로 퍼져나가는 빛처럼 은은하지만 강한 힘과 에너지가 동시에 느껴집니다.

그녀는 과연 이 빛을 통해 무엇을 말하고 싶었던 것일까요? 만약 세상에 빛이 없다면 칠흑 같은 어둠에 휩싸여 세상은 공포로 가득 차게 될 것입니다. 우리 마음 역시 빛이 없다면 우리의 삶은 어둠 속에 갇혀버려 힘들고 지치는 순간들의 연속이 되고 말겠죠. 그렇기에 방혜자 화백은 빛을 그려냄으로써 자신의 빛이 사람들에게 위안을 줄 수 있기를 희망했을 것입니다. 그녀는 한 인터뷰에서 이런 말을 했습니다.

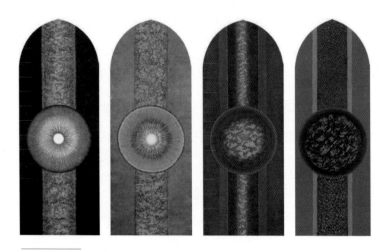

샤르트르 대성당을 채운 4개의 작품 (출처 : 세계한인언론인협회)

"빛은 생명의 원천이고, 생명들의 사랑은 기쁨의 원천입니다. 그러한 기쁨은 평화의 원천입니다. 나는 그림을 통해 사람들에게 빛과 에너지와 평화를 주고 싶습니다."

한결같은 마음으로 60여 년의 세월 동안 빛을 그린 그녀의 노력은 2018년 또 다른 기쁜 결실을 거둡니다. 바로 프랑스 샤르트르 대성당 안의 스테인드글라스를 그녀의 작품으로 수놓게 된 것이죠. 총 4개의 창을 채우는 이 작업에는 각각의 의미가 담겨 있습니다. 첫 번째 창은 '빛의 탄생', 두 번째 창은 '생명, 빛의 숨결', 세 번째 창은 '사랑, 빛의 진동', 마지막 네 번째 창은 '평화, 빛의 노래'입니다.

사랑과 용서 그리고 평화가 가득한 성당은 세상의 빛, 신의 은혜로움으로 가득 채워진 공간입니다. 이런 장소에 평생 동안 빛으로 사랑과 평화를 노래한 방혜자 화백의 작품으로 스테인드글라스가 만들어진다는 것은 큰 의미가 있습니다.

한국인 그림을 라벨에 담은 와인

브루노 파이야르

에너지 넘치는 방혜자 화백의 작품에 매료된 샴페인 생산자 브루노 파이야르Bruno Paillard는 자신의 와인 라벨 디자인을 그녀의 작품 <에너지>Energie로 채워 넣었습니다.

브루노 파이야르는 스물일곱 살의 나이에 기존 샴페인들과는 다른, 순수한 결정체라 말할 수 있는 샴페인의 성배를 만들겠다는 열망을 가지고 자신만의 샴페인 하우스를 만듭니다. 하지만 그는 포도를 수확할 수 있는 포도밭도, 와인을 양조할 양조장도, 하물며 돈도 없었지요. 그는 초기 자본을 마련하기 위해 오

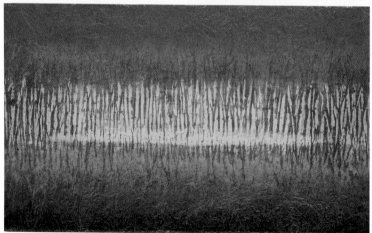

2008년 브루노 파이야르 샴페인(위), 방혜자 화백, <에너지>(아래)

(출처 : Photo de Jean-Louis LOSI © banghaija.com)

래된 자동차를 팔고 샴페인 생산에 뛰어듭니다. 그리고 순수한 샴페인을 만들겠다는 그의 열망은 빠르게 성공의 길로 그를 안내하죠.

브루노 파이야르가 샴페인 역사에서 담당하는 중요한 한 줄이 있습니다. 바로 1983년 처음으로 와인 라벨에 데고르주망 Dégorgement(386쪽 참조) 날짜를 표시했다는 것입니다.

와인은 양조할 때 수많은 요인의 영향을 받습니다. 브루노 파이야르는 특히 데고르주망 과정에서 와인이 받는 스트레스를 사람이 수술을 받는 것과 같다고 생각하며 중요하게 여깁니다. 사람이 살면서 수술을 몇 번이나 받을까요? 물론 작은 수술도 있지만 생사를 오가는 큰 수술은 일생에 한두 번 있을까 말까 합니다. 샴페인 양조에서 데고르주망 과정이 바로 큰 수술 같은 것이고, 이로 인해 와인이 단기적 트라우마를 겪는다는 것입니다. 실제로 샴페인 생산자들은 데고르주망을 "수술한다"라고 이야기합니다. 그래서 이 과정을 거친 샴페인에 가장 필요한 것은 휴식을 통한 회복입니다. 사람의 수술 후 회복 속도가 환자의 나이에 따라 다르듯 와인도 나이에 따라 회복되는 시간이 다릅니다.

와인은 데고르주망을 하기 전 효모 침전물과 함께 숙성 시간을 보내는데, 이 시간의 길이에 따라 와인의 복합미와 풍미가 달라진다고 합니다. 숙성 기간이 긴 와인은 데고르주망 이후 휴식

기간을 더 오래 보내고, 숙성 기간이 짧은 와인은 더 짧은 휴식 기간을 보낸 뒤 세상의 빛을 봅니다.

브루노 파이야르에서는 최소 5개월, 최대 18개월의 휴식기를 가진 와인을 최종 소비자들에게 보여줍니다. 그리고 데고르주망 이후 새로운 숙성을 시작하며 와인이 제2의 인생을 살아가게 된다고 이야기합니다.

샴페인은 빈티지가 표기되지 않은 논빈티지 샴페인(70쪽 참조), 빈티지가 좋았던 해에 그 포도만으로 만든 빈티지 샴페인으로 구분해서 판매합니다. 그래서 소비자들이 빈티지 샴페인은 언제 만들었는지 알 수 있지만, 논빈티지 샴페인은 언제 만든 것인지 정확히 알 수 없습니다. 하지만 브루노 파이야르에서 처음으로 라벨에 데고르주망 날짜를 표기하면서 소비자들도 이 와인이 언제 태어났는 알아볼 수 있게 되었고, 이것을 통해 숙성도를 가늠해보며 한층 더 풍부하게 샴페인을 즐길 수 있게 되었습니다. 지금은 많은 샴페인 생산자들이 브루노 파이야르의 영향을 받아 와인 라벨에 데고르주망 날짜를 많이 표기하고 있죠.

이와 같이 브루노 파이야르는 샴페인을 하나의 생명체처럼 대하고 생각하고 연구하면서 생산합니다. 특히 빈티지 샴페인은 한 해의 이야기를 품고 있는 특별한 와인으로, 예술가들의 그림을 통해 그 샴페인의 특징과 개성을 표현하고 있습니다.

브루노 파이야르가 2008년 빈티지 샴페인을 처음 시음했을 때 떠오른 단어가 '에너지'였다고 합니다. 그런데 파리의 갤러리에서 우연히 방혜자 화백의 <에너지>라는 작품을 보았고, 자신의 샴페인 이미지와 딱 맞아떨어지는 이 작품에 매료되었다고 합니다. 그래서 자신의 2008년 빈티지 샴페인 와인 라벨에 그녀의 작품을 새겨 넣게 된 것이죠.

색과 빛, 그리고 생명의 에너지로 이루어진 우주의 모습이 자신의 작품에서 우러나오기를 바랐던 방혜자 화백, 샴페인을 단순한 술이 아닌 우리의 삶을 더욱 즐겁고 빛나는 순간으로 만들어주는 하나의 생명체로 여기며 와인을 생산하는 브루노 파이야르의 모습은 많이 닮아 있습니다. 살아 숨 쉬며 잔 속에서 끊임없이 피어오르는 활기찬 기포와 빛으로 가득한 이 와인, 그리고 이 작품을 함께 만나보며 내 안의 또 다른 에너지를 얻어가길 바랍니다.

36

◇

형상

상형 문자가 있는 돌과 와인

고대 이집트 문자

<로제타석>

프랑스 부르고뉴에서 와인을 생산하는 도멘 프리
에르 로크_{Domaine Prieuré-Roch}의 와인 라벨은 조금 특이합니다. 라
벨의 낯선 이집트 상형 문자가 우리의 눈길을 끌죠. 현재 많은
와인 생산자가 일반적으로 클래식하거나 예술가들과 협업해 감
각적인 디자인의 와인 라벨을 만듭니다. 그렇다면 프리에르 로
크는 왜 고대 이집트 상형 문자를 차용해 이런 독특한 라벨을 만
들었을까요?

문자는 인류 최고의 발명품으로 문명의 발전을 가속화시켰습
니다. 인류의 지식들이 문자라는 형태로 후대에 전해졌고, 그 덕
에 시공간의 제약을 뛰어넘어 서로 소통하면서 찬란한 발전을

이룩할 수 있었죠. 과거에는 글자를 읽고 쓸 수 있는 이들이 권력을 누렸습니다.

고대 이집트도 마찬가지였습니다. 문자는 서기의 신 토트가 발명해 인류에게 준 선물이라 여겼으며, 글을 써서 기록으로 남길 수 있는 서기관은 큰 힘을 가졌습니다.

이집트 문자는 아쉽게도 로마 시대를 거치며 잊혔습니다. 그렇다면 지금은 이집트 문자를 읽을 수 없는 것일까요? 그렇지 않습니다. 19세기 초에 천재 언어학자 장 프랑수아 샹폴리옹Jean-François Champollion이 <로제타석>Rosetta Stone을 해독한 덕입니다. 1799년 이집트 원정을 떠났던 프랑스 나폴레옹 군대는 로제타 지역에 주둔지를 만들기 위한 작업을 하다 섬록암 재질의 큰 비석을 발견합니다. 이것이 현재 영국 박물관에 전시 중인 <로제타석>입니다.

<로제타석>의 제작 시기는 기원전 2세기경으로 추정하고 있습니다. 당시 이집트는 제32왕조 프톨레마이오스 시대였는데 가혹한 세금 정책으로 인해 수많은 내란이 일어나 골치를 썩고 있었습니다. 이에 왕이 '평화 선언'을 발표합니다. 밀린 세금을 면제해주고 압수한 재산을 돌려줍니다. 이때 면세 특권을 가지게 된 사제들이 자신들의 특권을 지키고자 만든 것이 바로 <로제타석>입니다. 파라오 프톨레마이오스 5세의 업적을 찬양함과 동시에 자신들의 면세권에 대한 내용을 적어 신전 문 옆에 두었

<로제타석>

(출처 : Wikimedia Commons, Olaf Herrmann)

죠. 그럼으로써 세금을 걷는 세리들과 관리들이 함부로 신전에 들어오지 못하게 한 것입니다. 그리고 여러 부류의 사람들에게 같은 내용을 전하기 위해 똑같은 내용을 3가지 언어로 적었습니다. 상단에는 이집트 신성 문자로, 중간 부분은 이집트 민중 문자로, 제일 하단에는 이집트에 살고 있는 그리스어권 사람들을 위해 고대 그리스어로 내용을 적어놓았습니다. 신성 문자는 신분이 높은 이들의 행적을 적거나 공식적이고 중요한 문서들을 작성할 때 사용한 문자로, 정교한 기호로 적힌 것을 확인할 수

파라오의 이름이 적힌 카르투슈를 확인할 수 있는 <로제타석> 신성 문자
(출처 : Wikimedia Commons)

있습니다. 이에 반해 민중 문자는 상형 문자를 일상생활에서 조금 편하게 사용하기 위해 흘림체 형식으로 적은 것이죠.

<로제타석> 발견 당시 고고학자들은 그리스어는 알고 있었지만, 반대로 2가지 이집트어는 전혀 몰랐습니다. 많은 학자가 이집트어의 실마리를 풀 수 있는 절호의 기회라 생각했고, 수많은 사람이 매달려 이집트어를 해독했습니다. 그중 가장 큰 성과를 보인 인물이 영국의 토마스 영Thomas Young과 샹폴리옹이었습니다. 토마스 영은 적힌 문자들 중 카르투슈Cartouche라 불리는 타원형 안에 적힌 상형 문자를 발견합니다. 카르투슈는 신성한 파라오의 이름을 적어놓는 이름표였습니다. 그리고 그리스어에서 해독한 파라오 이름 '프톨레마이오스' 부분을 카르투슈에 적힌 상형 문자에 한 글자씩 대조하며 해독에 성공하죠. 그는 이집트의 상형 문자가 말소리를 그대로 기호로 옮긴 표음문자라고 생각하고 다양한 해독을 시도합니다. 하지만 토마스 영은 금세 상형 문자 연구에 대한 흥미를 잃었고, 연구를 중단해버립니다. 다행히 그의 연구는 프랑스 언어학자 샹폴리옹에게 많은 영감을 주었습니다. 그러나 샹폴리옹도 곧 한계를 맞이합니다. 표음문자라고 생각하고 그리스어와 비교하는 연구가 더 이상 성과를 내지 못했기 때문이죠. 그러다 샹폴리옹은 표음문자(소리문자) 뿐 아니라 표의문자(뜻글자)를 동시에 사용한 것이 아닐까 하고

생각합니다. 그의 생각은 정확히 맞아떨어져 2000여 년 전의 이집트 상형 문자 해독에 성공하죠. 그 결과 신비 속에 휩싸여 있던 이집트의 역사가 우리의 곁으로 오게 됩니다.

문자는 참으로 신비롭습니다. 수천 년 전 사람들이 남긴 글을 통해 당시의 삶을 알 수 있습니다. 어떤 생각을 가지고 살았고, 어떤 사건들이 있었으며, 이 결과로 역사의 큰 흐름이 어떻게 변했는지, 그리고 현재 어떤 영향을 끼치고 있는지도 알 수 있기 때문입니다.

상형 문자를 새긴 와인
프리에르 로크

1988년에 만든 프리에르 로크Prieuré-Roch의 창설자 앙리 프레데릭 로크Henry Frédéric Roch는 이집트 나일 계곡에서 일하며 생활한 적이 있습니다. 이때 찬란했던 과거 이집트 문명, 끊임없이 펼쳐진 광활한 대지의 모습에서 영향을 받아 자연 자체를 자신의 와인에 고스란히 담아내기로 마음먹고, 이집트 상

형 문자를 차용해 와인 라벨을 만들었습니다.

라벨 속 문양에 노란색으로 표현한 2개의 눈이 있습니다. 위에 있는 것은 신의 눈으로 자연의 힘을 의미하죠. 토양, 날씨 그리고 기후 등 인간이 제어할 수 없는 것들을 나타냅니다. 그리고 그 아래 있는 것은 인간의 눈입니다. 이것은 와인을 만들 때 인간이 가하는 힘이 아니라, 사람은 자연에 순응하고 따르며 포도

포도 줄기와 함께 양조하는 홀 클러스터 방식의 모습
(출처: Wikimedia Commons)

를 관찰하고 보호하는 것뿐임을 의미합니다. 그리고 빨간색으로 표현한 3개의 동그라미는 건강한 포도 알맹이를 뜻하며, 왼쪽에 있는 잎사귀 모양은 파피루스Papyrus를 나타냅니다.

고대 이집트에서는 파피루스를 이용해 종이를 만들었습니다. 현재 종이를 뜻하는 영어 단어 페이퍼Paper의 어원이 여기서 왔죠. 파피루스는 식물의 생명을 뜻하는 동시에 종이에 문자로 남긴 기록과 역사를 의미합니다.

프리에르 로크는 수백 년 전 부르고뉴 지역에서 와인을 만든 시토Cîteaux 수도회와 클루니Cluny 수도원의 수도사들이 남긴 기록을 바탕으로, 인위적 행위를 배제한 바이오 다이내믹 농법으로 내추럴 와인을 만들고 있습니다. 즉, 프리에르 로크는 이집트 상형 문자로 표현한 라벨에 자신은 전통을 지키고 자연의 목소리를 들으며 재배한 양질의 포도로 와인을 만들고 있다는 것을 함축적으로 담아낸 거죠.

프리에르 로크에서는 과거 수도사들이 했던 방식 그대로 손으로 잡초를 제거하며 포도를 재배합니다. 또한 포도를 압착하고 발효시킬 때 포도 줄기를 제거하지 않고 양조합니다. 이것을 영어로 홀 클러스터Whole-Cluster, 프랑스어로는 그라프 엉티에Grappe Entière라고 합니다. 포도송이 그대로 사용한다는 뜻이죠. 양조할 때 포도 줄기를 넣느냐 그렇지 않느냐에 따라서 와인의 스타일이 달라집니다. 포도 줄기를 사용하면 줄기에서 나오는 타닌과 각종 성분 덕분에 와인의 골격감과 구조감이 더 좋아지고 타닌도 훨씬 탄탄하게 느껴집니다. 그리고 계피나 후추 등을 연상시키는 오리엔탈적 향취들이 느껴져 더욱 풍부하고 복합적인 와인을 만들 수 있죠.

반면 포도 알맹이만 사용하기 위해 줄기를 제거하는 것을 영어로 디스테밍Destemming 프랑스어로는 에그라파주Égrappage라고 부릅니다. 이 과정을 통해 포도 알맹이만으로 만든 와인은 순수한 과실향이 더 잘 살아나는 것이 특징이죠. 그렇다고 줄기를 넣는 것이 무조건 좋다는 말은 아닙니다. 줄기를 잘못 사용하면 덜 익은 풋풋한 향미와 텁텁한 느낌을 주기 때문입니다. 어떤 생산자들은 빈티지에 따라서 줄기 사용 여부와 얼마큼의 줄기를 사용할 것인지를 결정합니다. 날씨가 더웠던 해에는 포도 자체에 타닌 성분이 높아 줄기를 쓰는 비율을 줄이고, 날씨가 추웠던 해에는 산도가 높은 반면 타닌의 함량은 줄어들기 때문에 줄기 사용 비율을 높여서 타닌을 얻어 와인의 완성도를 올립니다.

하지만 프리에르 로크는 날씨와 상관없이 항상 줄기를 사용해 와인을 만듭니다. 과거의 방법을 지키고 자연에 순응하며 와인을 만들기 때문입니다. 그래서 프리에르 로크는 투박하지만 빈티지에 따라 각기 다른 매력을 지닌 와인을 생산하고 있습니다. 가장 낮은 부르고뉴 등급부터 그랑 크뤼인 클로 드 베즈Clos de Béze와 클로 드 부조Clos de Vougeot까지 다양하죠.

로크는 도멘 드 라 로마네 콩티Domaine de la Romanée-Conti의 공동 대표이기도 합니다. 이모였던 라루 비즈 르루아Lalou Bize-Leroy가 로마네 콩티를 떠나게 되면서 1992년부터 그가 르루아 가문을 대표해 도멘 드 라 로마네 콩티의 공동 대표직을 수행하게 되었죠. 이로써 그는 부르고뉴 와인을 대표하는 인물로 더욱 공고히 자리매김하게 됩니다.

　이렇듯 그는 최고의 명성과 더불어 세계 최고의 와인을 생산했는데, 안타깝게도 2018년 11월 암으로 급작스레 사망해 큰 충격을 안겨주었습니다. 그 결과 그의 와인의 가치는 더욱 올라가게 되었죠. 그림도 화가가 죽음을 맞이하면 그 가치와 가격이 더 올라가는데, 이런 모습은 참 아이러니하기도 합니다.

　최고의 와인을 만들기 위해 자연을 숭고하게 여기고 이에 순응하며 따르려 했던 그만의 철학이 와인 라벨에 새겨진 이집트 상형 문자에서 다시금 느껴집니다. 감히 부르고뉴의 파라오라고 말할 수 있는 와인 생산자가 프레데릭 로크이지 않을까요? 기회가 된다면 그의 와인을 꼭 경험해보길 바랍니다.

참고 문헌

단행본

- 김만홍 《12일 만에 끝내는 프랑스 와인의 모든 것 1》, 여백, 2021
- 김미정, 이은기 《서양미술사》, 미진사, 2006
- 데이비드 코팅턴, 전경희 옮김 《큐비즘》, 열화당, 2003
- 마르크 샤갈 지음, 최영숙 옮김 《샤갈, 꿈꾸는 마을의 화가》, 다빈치, 2004
- 빈센트 반 고흐 지음, 신성림 옮김 《반 고흐, 영혼의 편지》, 예담, 2008
- 조주연 《현대미술 강의》, 글항아리, 2017
- 파올라 라펠리, 최병진 옮김 《모네》, 마로니에북스, 2008

- Christoph Heinrich 《Monet》, TASCHEN, 2015
- Catherine Chevillot, Christine Lancestremère 《Guide du Musée Rodin》, Edition du Musée Rodin, 2019
- Hajo Düchting 《Seurat》, TASCHEN, 2001
- Jean-Robert Pitte 《La Bouteille de vin Histoire d'une révolution》, Tallandier, 2013
- Michael Bockemühl 《Rembrandt》, Taschen, 2016
- Robert Joseph 《Vins de France》, Gründ, 2005
- Sylvain Pitiot, Jean-Charles Servant 《Les vins de Bourgogne》, 2010

기사

- 김진덕 기자, 대한민국 최초 53, 포도 와인 '해태 노블 와인' 브랜드타임즈, 2021
- 이승훈 기자, 순교자들이 키운 과일, 포도, 카톨릭신문, 2021
- 최현태 '최현태 기자의 와인홀릭, 와인 레이블과 한국 화가', 세계일보, 2016

논문 및 학회지

- 이진숙, 에밀 갈레의 유리 공예에 나타난 확장된 장식성, 논문, 2005
- 주성호, 세잔의 회화와 메를로 - 퐁티의 철학, 논문, 2013

인터넷 사이트

- aveine.paris/blog
- banghaija.com
- blog.britishmuseum.org
- calon-segur.fr/fr
- catholictimes.org
- champagnebrunopaillard.com
- chasse-spleen.com
- chateau-mouton-rothschild.com
- comitedesfetesdemontmartre.com
- dico-du-vin.com
- domaine-prieure-roch.com
- haussmannfamille.com

- larvf.com
- madparis.fr
- maisondesvins-bandol.com
- perrier-jouet.com/en-ww
- polroger.com
- saint-estephe.fr/fr
- terredevins.com
- terredevins.com
- vins-bourgogne.fr
- vinsdebandol.com
- winefolly.com
- yquem.fr/int-en

와인 이름

* 별 표시한 와인은 국내 수입이 어려운 와인